⇨ p6〜7

おさかなプレートの使《つか》い方《かた》

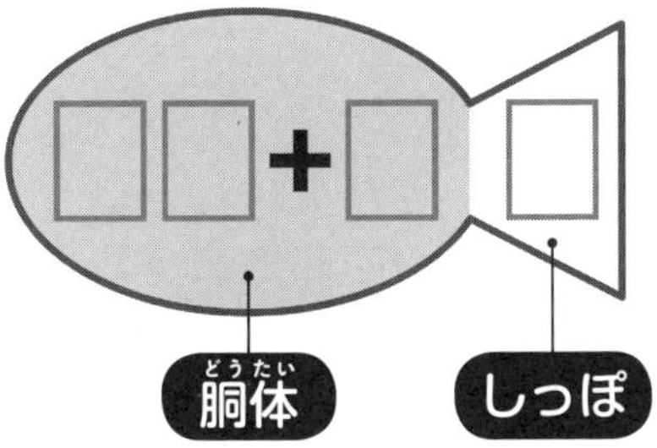

これが「おさかなプレート」です。
胴体《どうたい》としっぽは、別《べつ》べつの部分《ぶぶん》なので、
別《べつ》べつに計算《けいさん》します。

では、ためしに問題《もんだい》をやってみましょう。

56 × 4

まず、かけられる数《かず》の十《じゅう》の位《くらい》の数字《すうじ》5と4のかけ算《ざん》をします。

5 × 4 = 20 *

この20を胴体《どうたい》の部分《ぶぶん》の左《ひだり》の2つの□に書《か》き入《い》れます。

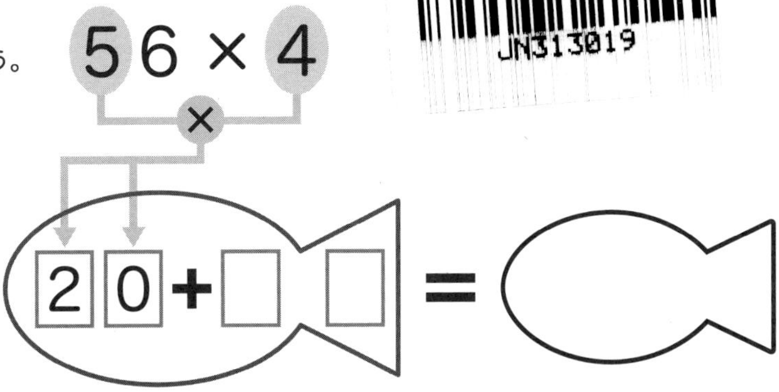

次《つぎ》に、かけられる数《かず》の一《いち》の位《くらい》の数字《すうじ》6と4のかけ算《ざん》をします。

6 × 4 = 24 *

この24の十《じゅう》の位《くらい》の数字《すうじ》2を胴体《どうたい》のいちばん右《みぎ》の□に書《か》き入《い》れます。
そして、一《いち》の位《くらい》の数字《すうじ》4をしっぽの□に書《か》き入《い》れます。

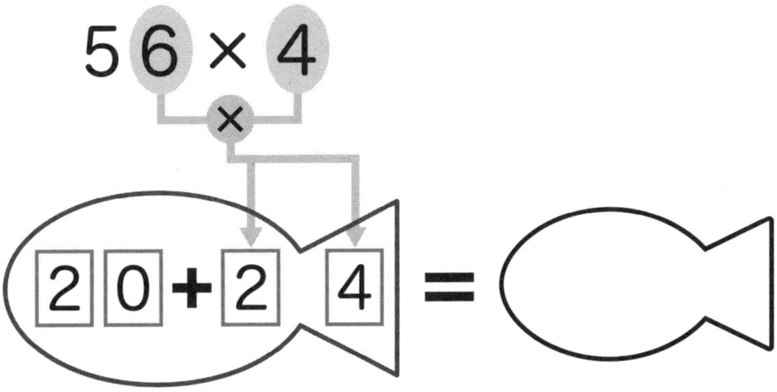

いよいよ56 × 4の答《こた》えを出《だ》します。
まず胴体《どうたい》の部分《ぶぶん》の20 + 2を計算《けいさん》します。
この計算《けいさん》の答《こた》えである22が答《こた》えの十《じゅう》以《い》上《じょう》の位《くらい》の数字《すうじ》になります。そして、しっぽの4が一《いち》の位《くらい》の数字《すうじ》になります。
56 × 4の答《こた》えは224になります。

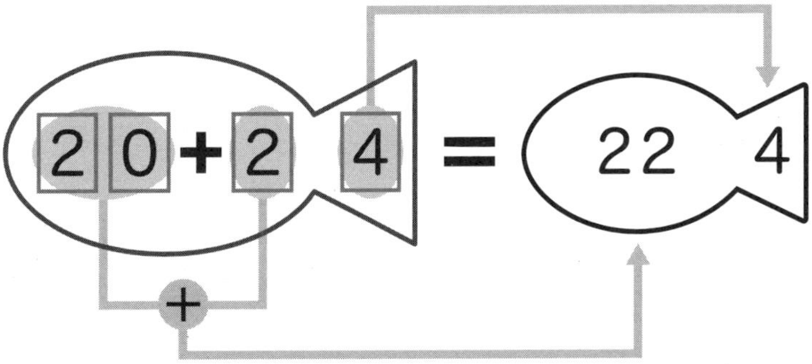

*かけ算《ざん》の答《こた》えが1ケタのときは、2つの□のうち、右《みぎ》の□に書《か》きましょう。

1 おさかなプレート

やさしい問題《もんだい》

⇨ p8～11、14～15

❶ 35 × 7

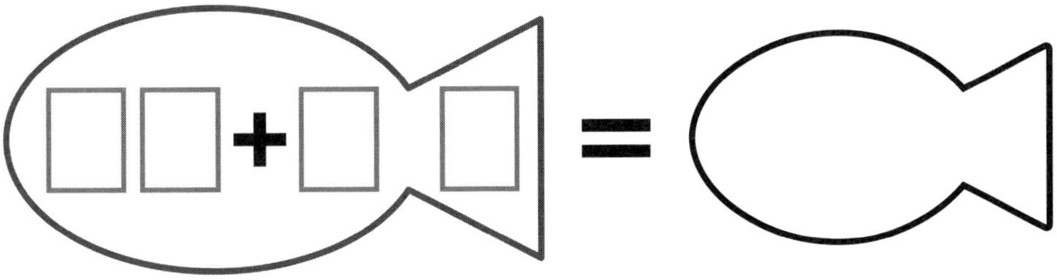

❷ 32 × 8

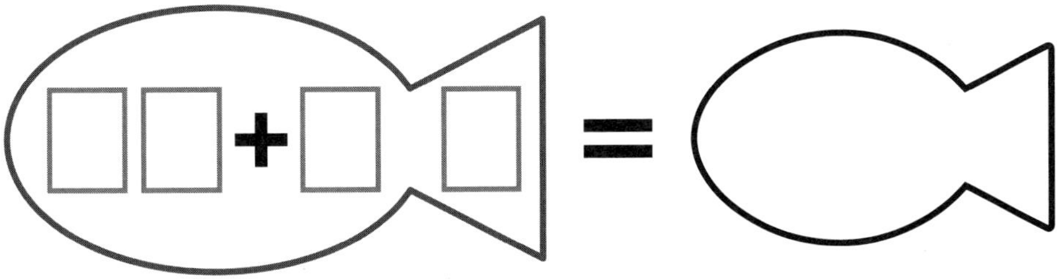

❸ 42 × 5

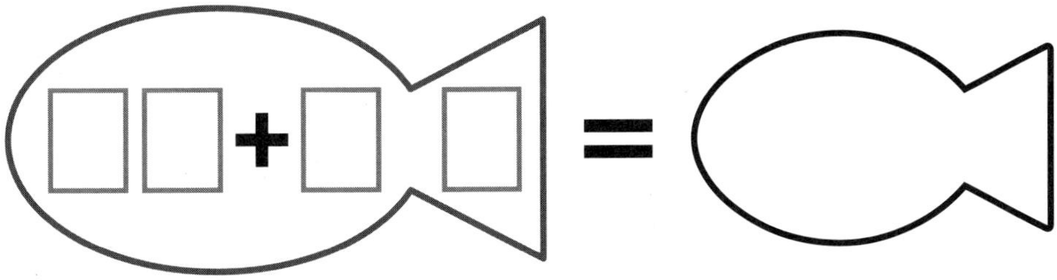

❹ 94 × 6

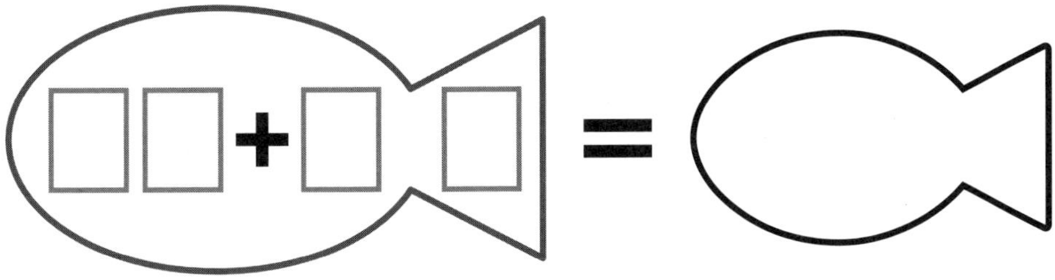

1 おさかなプレート

やさしい問題《もんだい》
⇨ p8〜11、14〜15

❶ 83 × 5

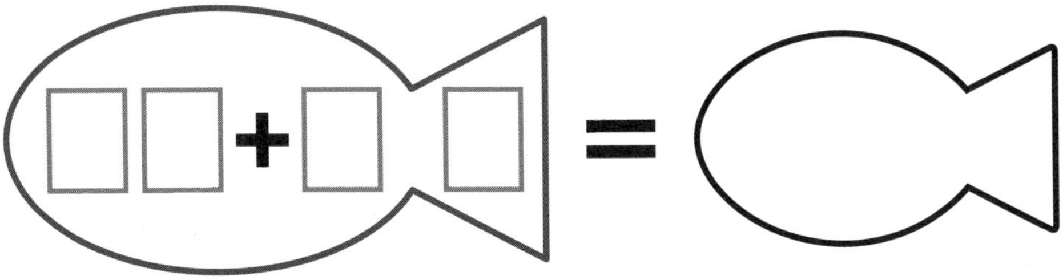

❷ 24 × 2

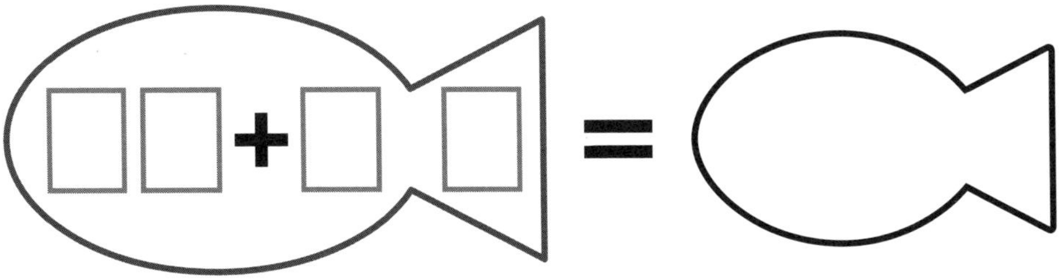

❸ 64 × 7

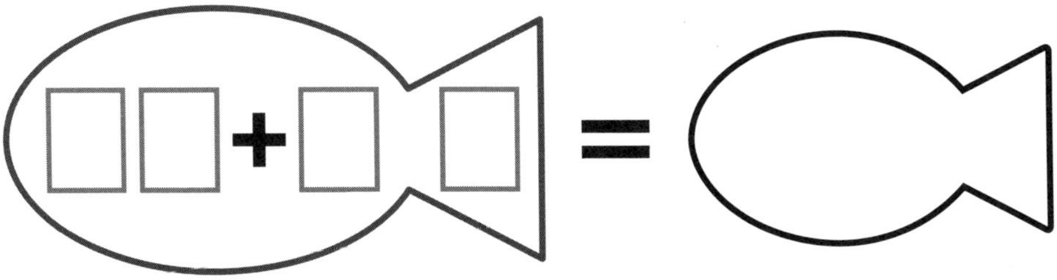

❹ 57 × 7

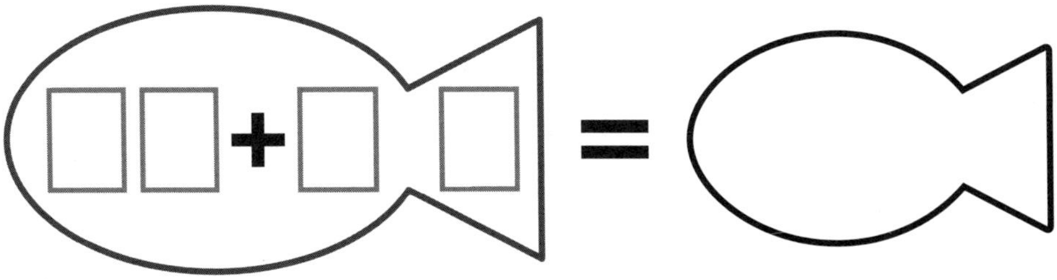

1 おさかなプレート

やさしい問題《もんだい》

⇨ p8～11、14～15

❶ 75 × 6

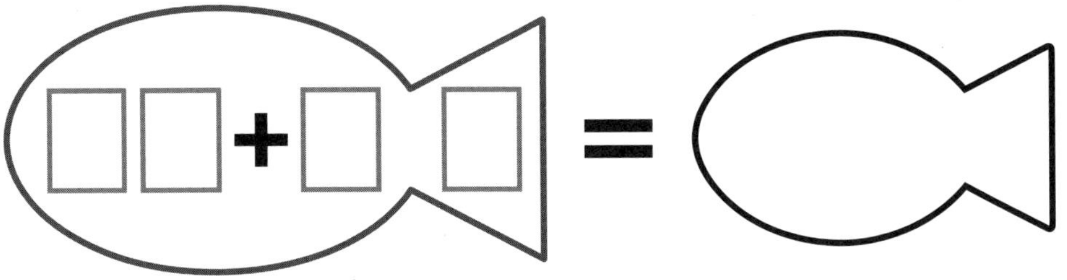

❷ 78 × 2

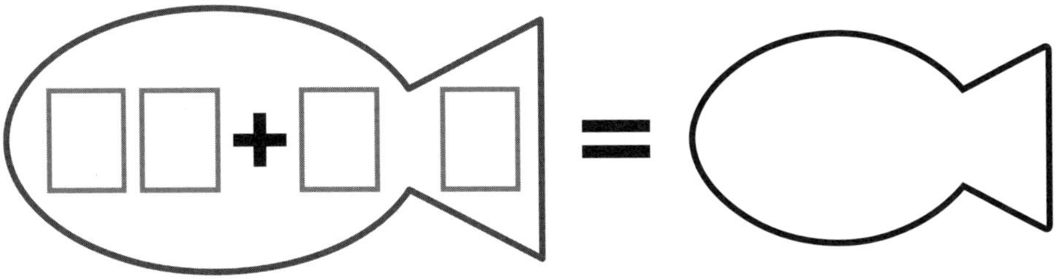

❸ 94 × 2

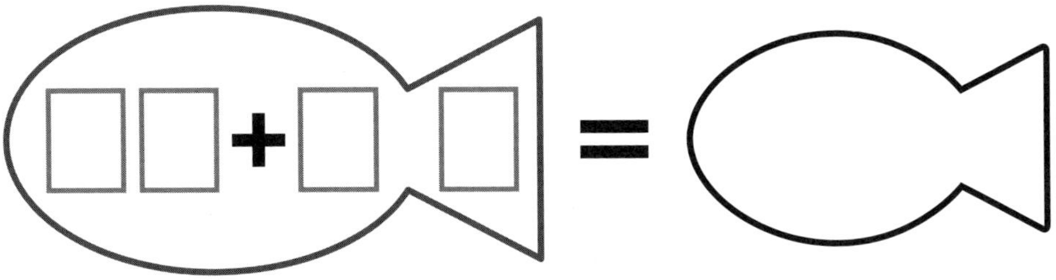

❹ 92 × 3

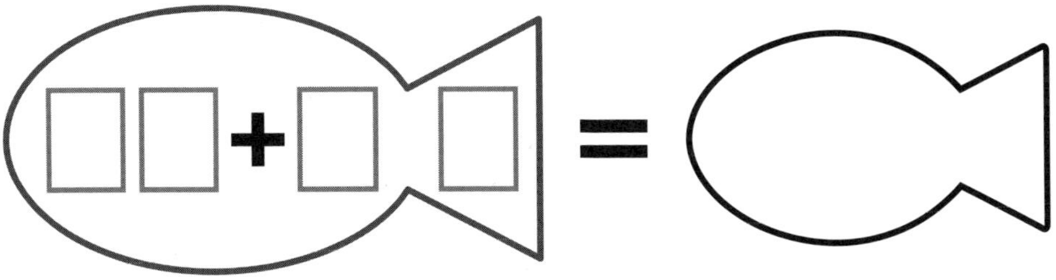

1 おさかなプレート

むずかしい問題《もんだい》
⇨ p8～11、14～15

❶ 64 × 8

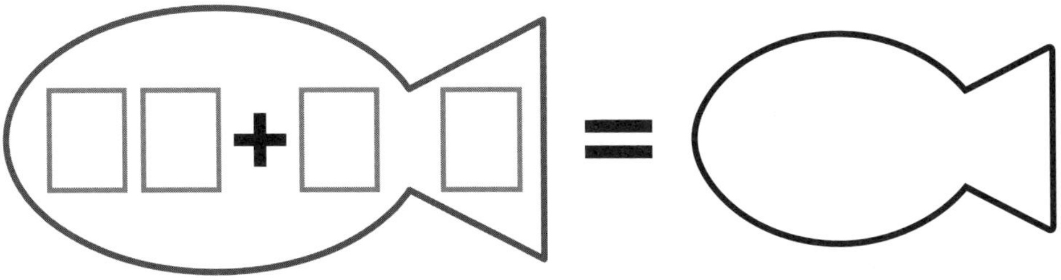

❷ 86 × 6

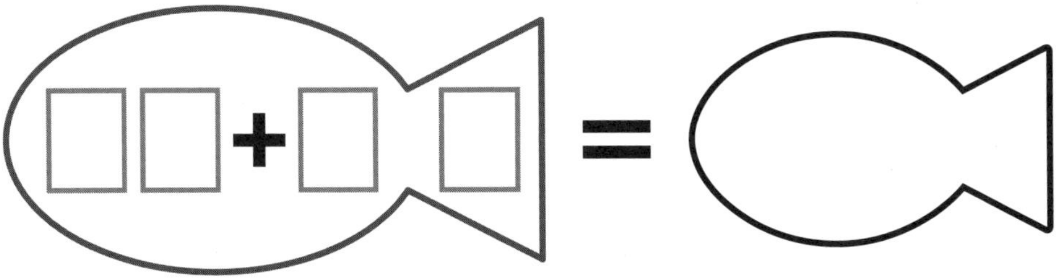

❸ 67 × 8

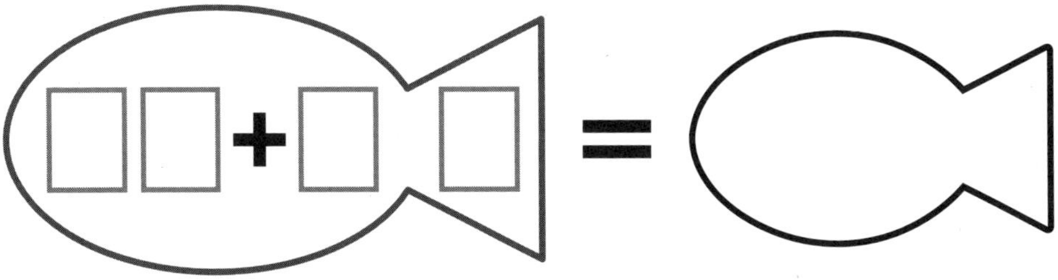

❹ 38 × 9

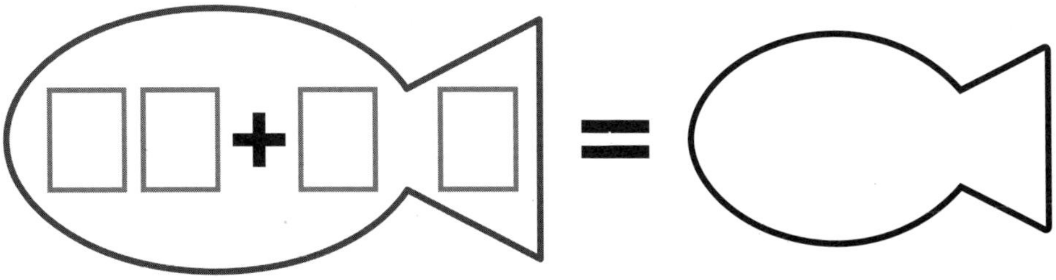

❶　39 × 6

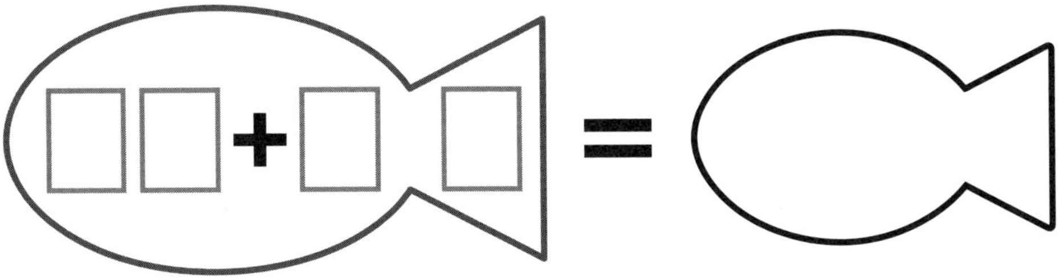

❷　66 × 8

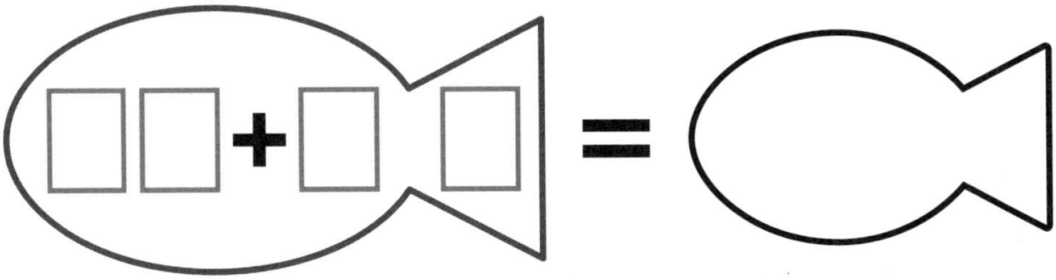

❸　36 × 6

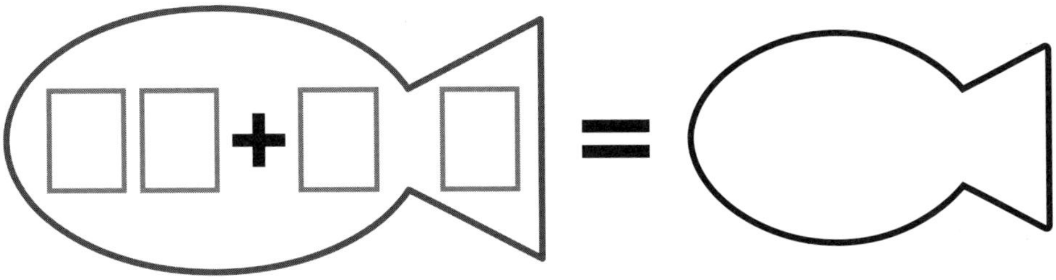

❹　77 × 4

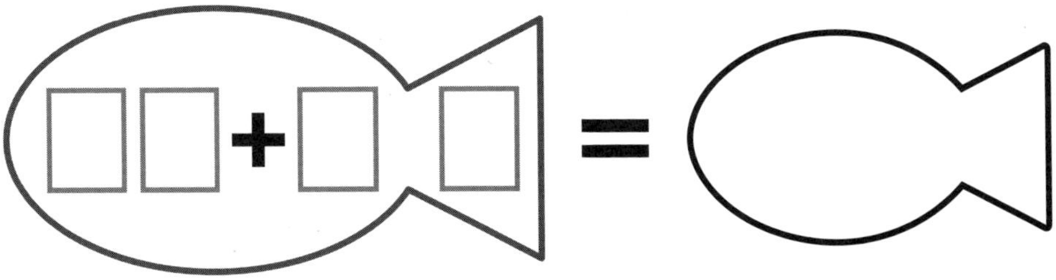

1 おさかなプレート

むずかしい問題《もんだい》
⇨ p8～11、14～15

❶ 43 × 7

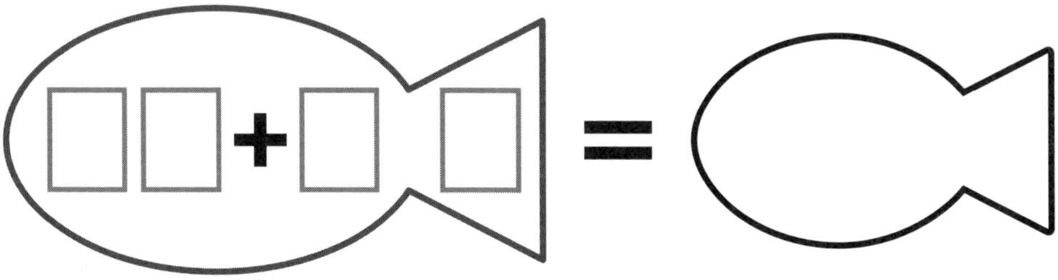

❷ 46 × 9

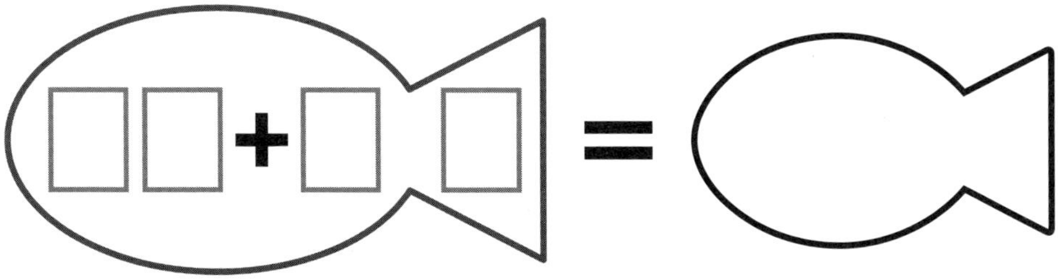

❸ 47 × 7

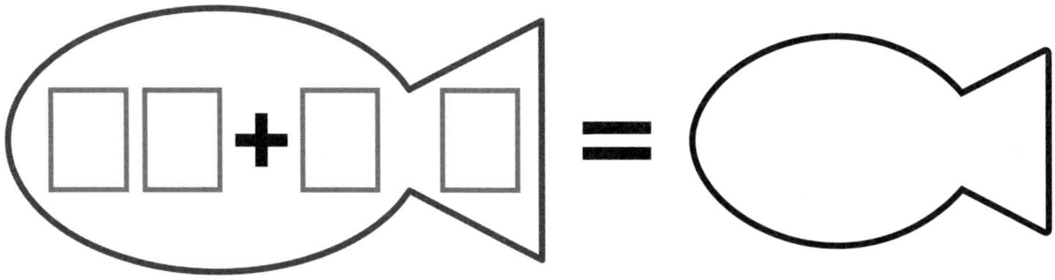

❹ 45 × 7

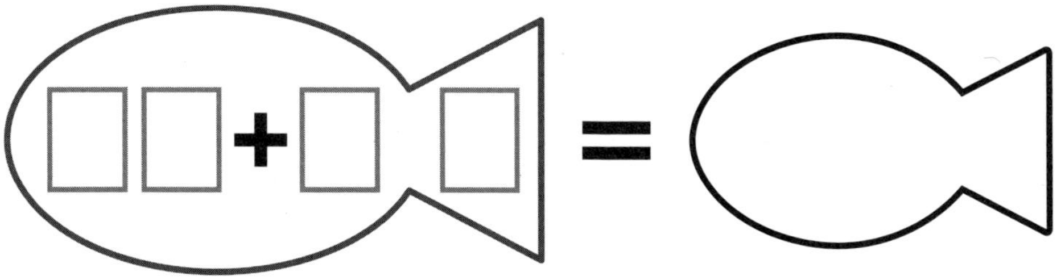

❶ 45 × 5

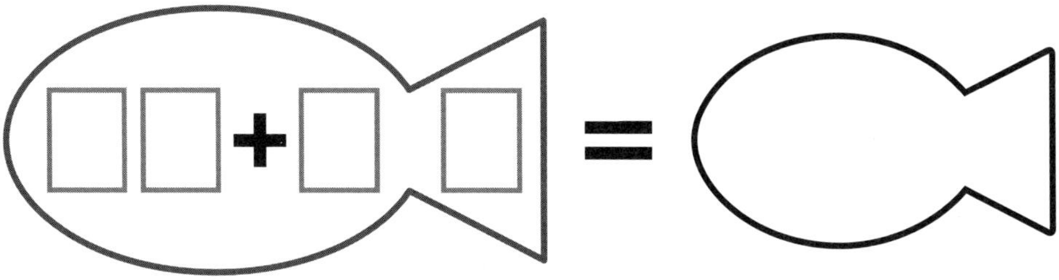

❷ 32 × 4

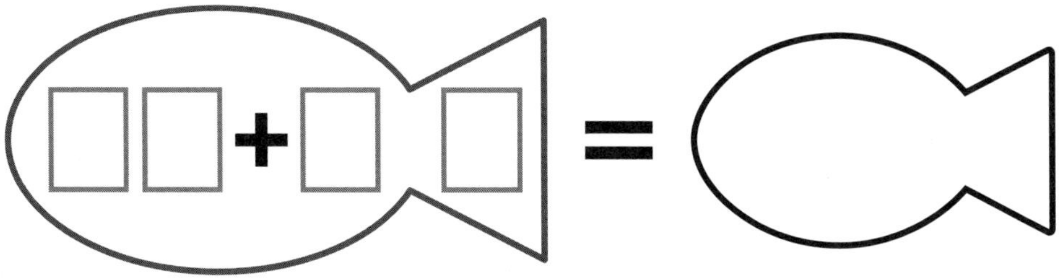

❸ 33 × 8

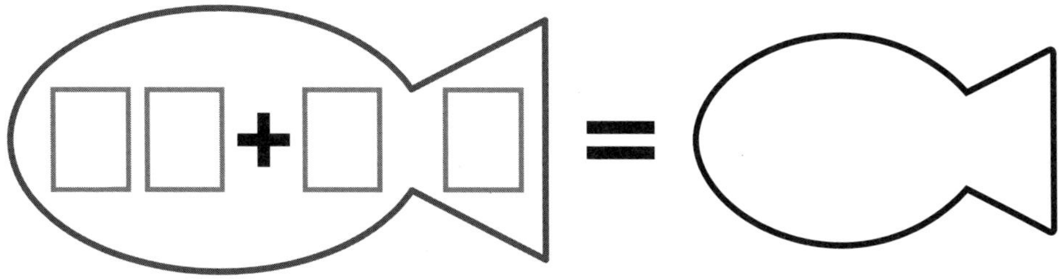

❹ 89 × 6

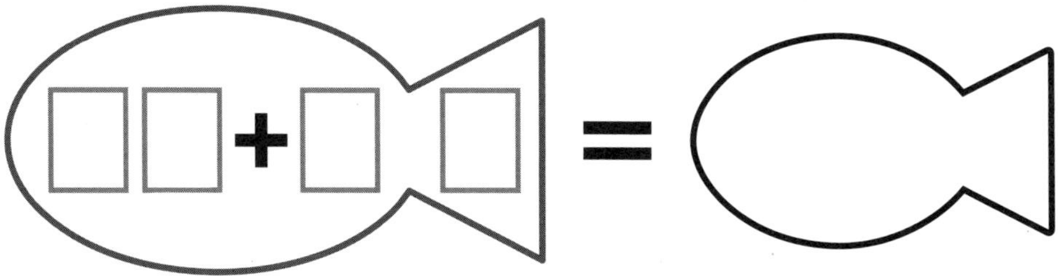

❶ 16 × 8

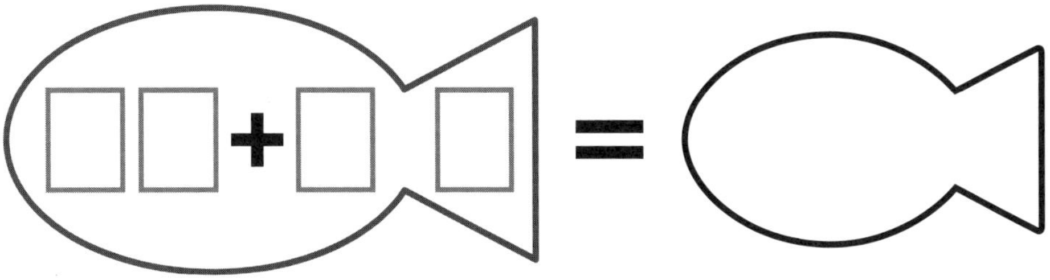

❷ 66 × 7

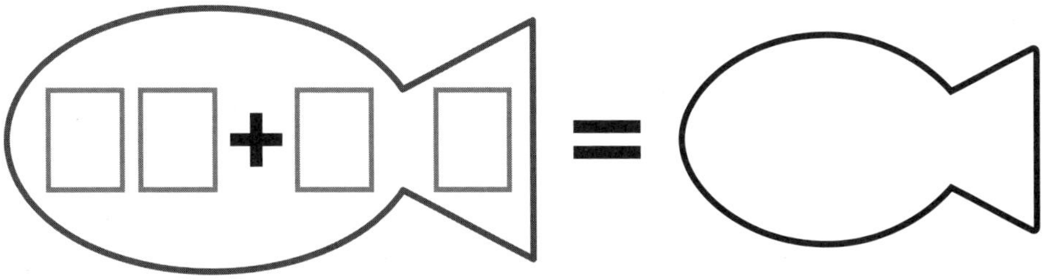

❸ 47 × 9

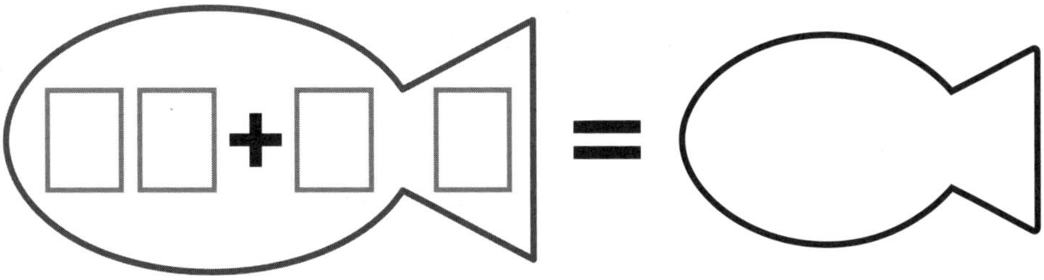

❹ 56 × 9

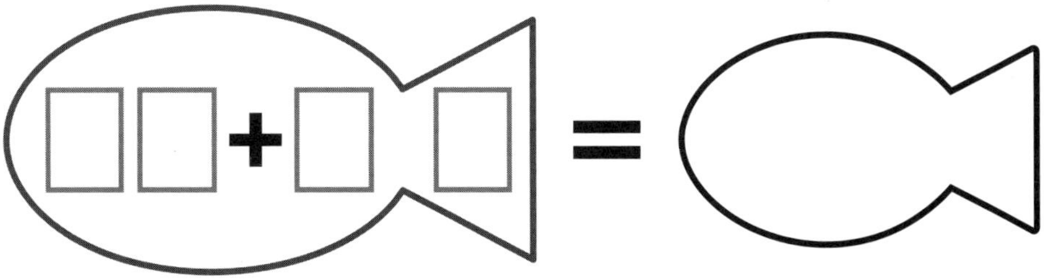

1 おさかなプレート

混合問題《こんごうもんだい》

⇨ p8～11、14～15

❶ 68 × 3

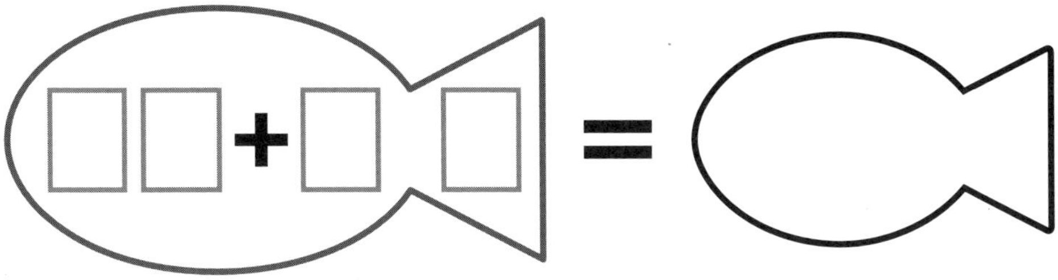

❷ 72 × 2

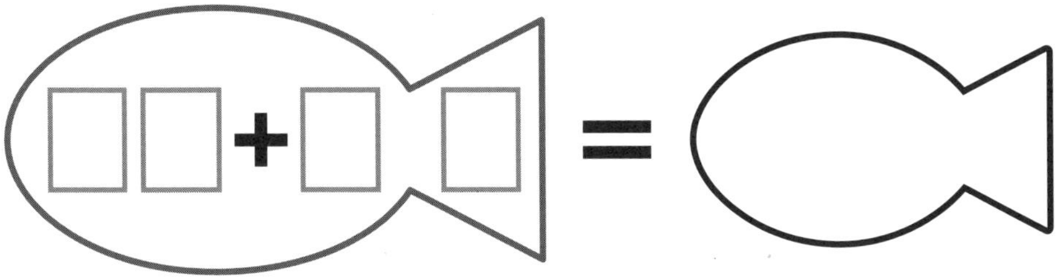

❸ 21 × 8

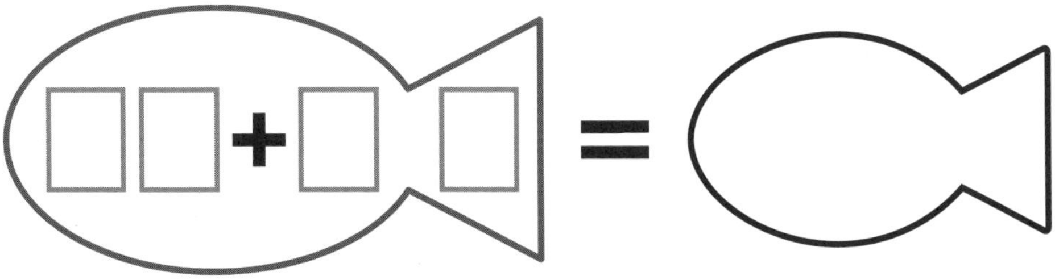

❹ 29 × 8

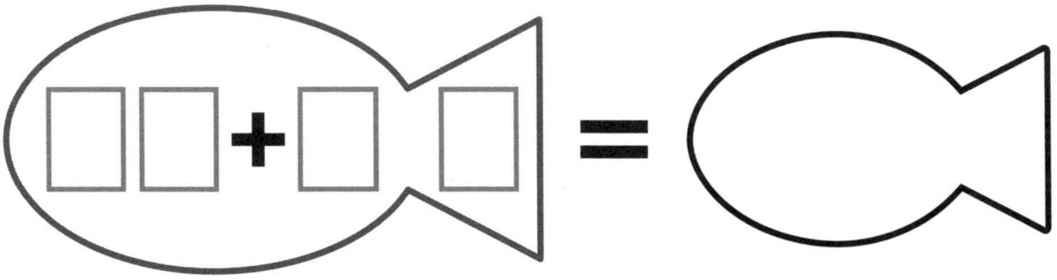

1 おさかなプレート

混合問題《こんごうもんだい》

⇨ p8〜11、14〜15

❶ 72 × 9

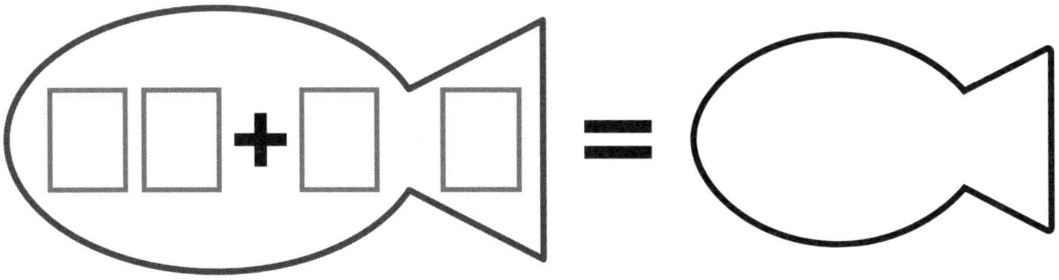

❷ 37 × 9

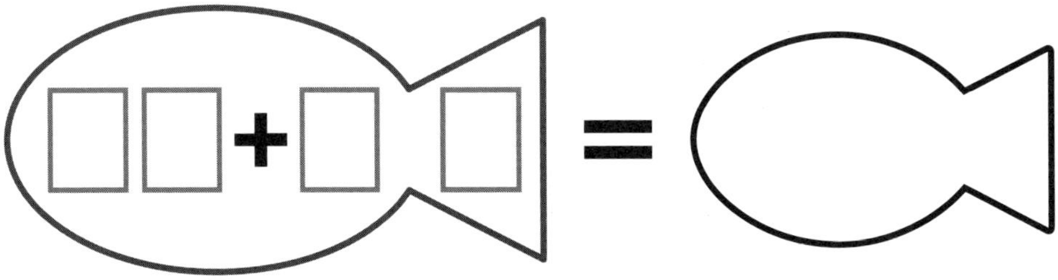

❸ 93 × 8

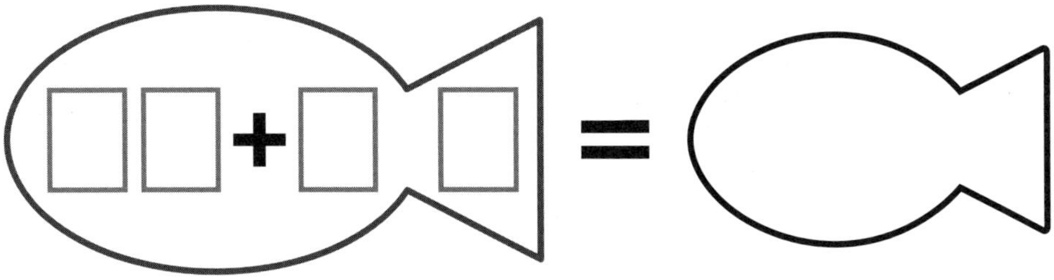

❹ 45 × 9

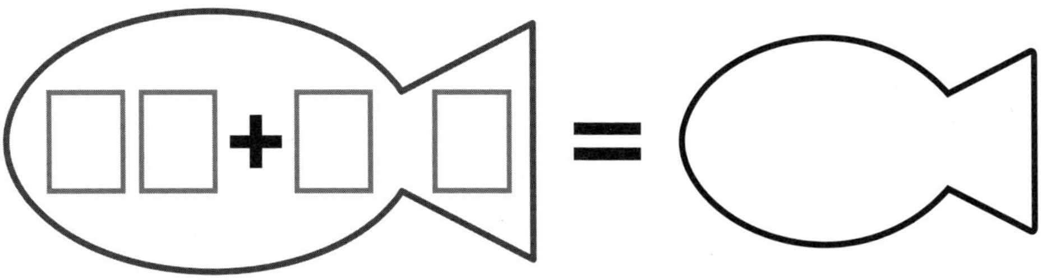

1 おさかなプレート

混合問題《こんごうもんだい》

⇨ p8〜11、14〜15

❶ 36 × 5

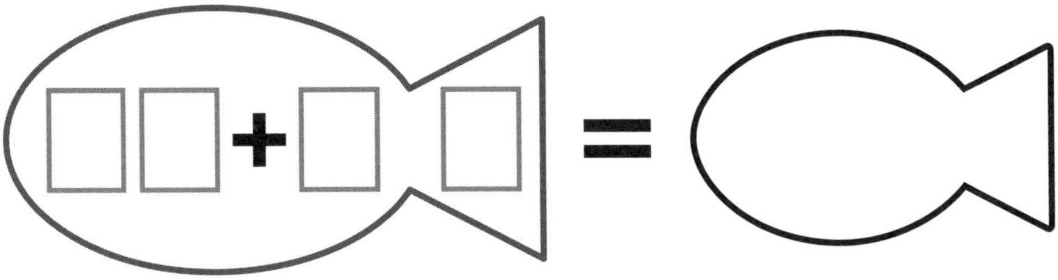

❷ 38 × 5

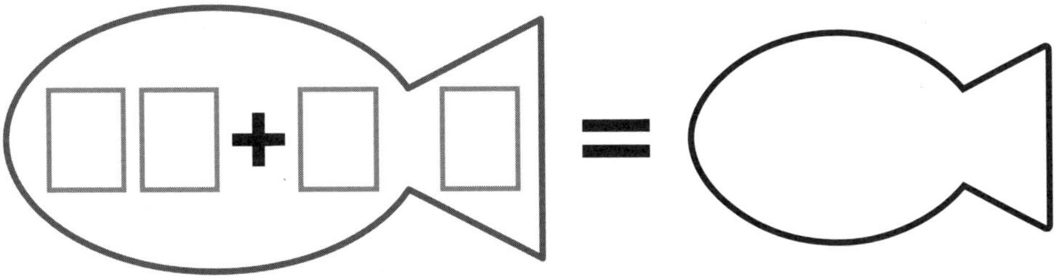

❸ 18 × 8

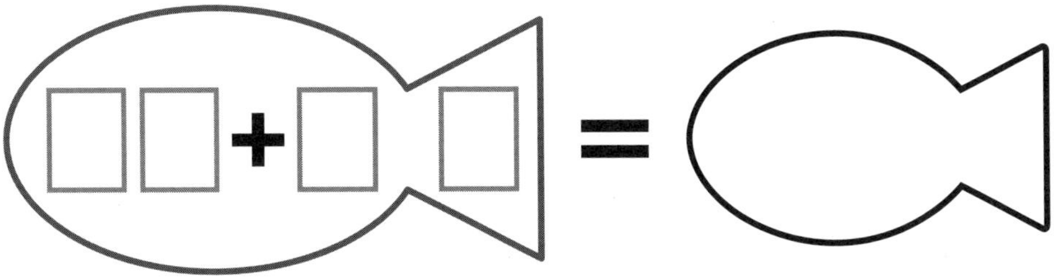

❹ 31 × 2

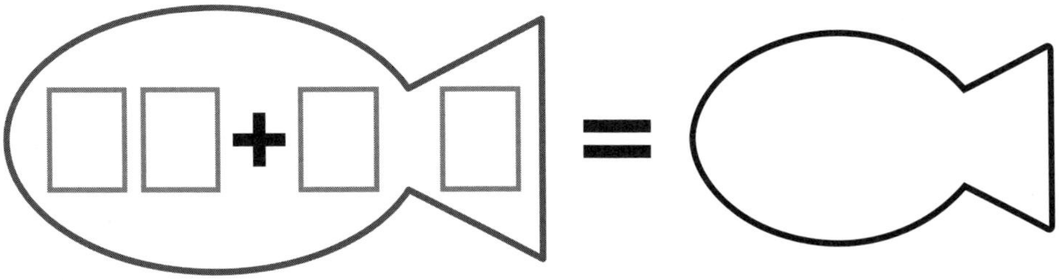

1 おさかなプレート

混合問題《こんごうもんだい》

⇨ p8～11、14～15

❶ 95 × 4

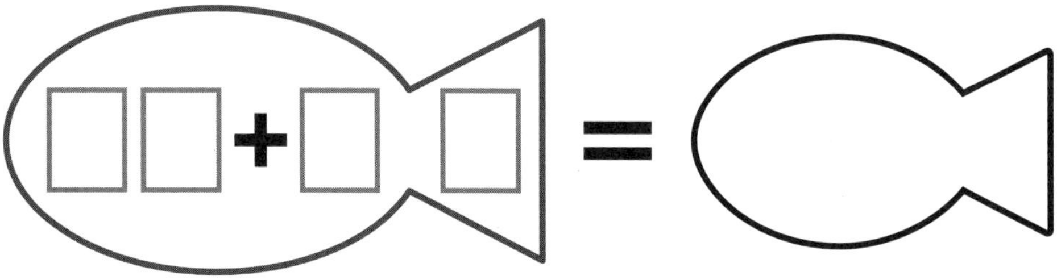

❷ 76 × 4

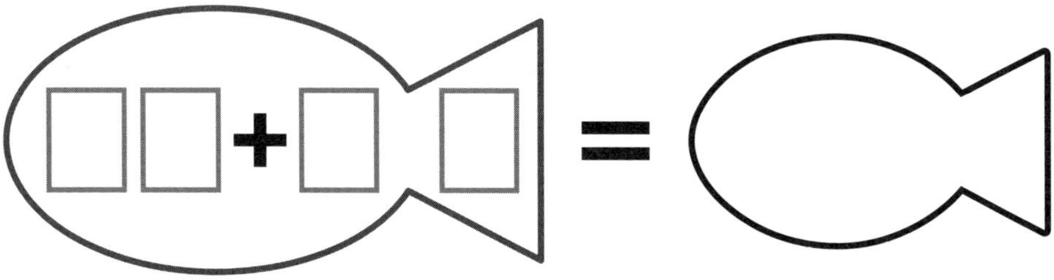

❸ 44 × 9

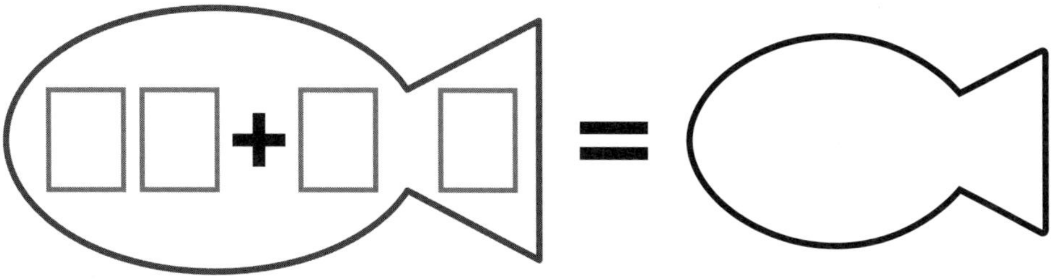

❹ 78 × 8

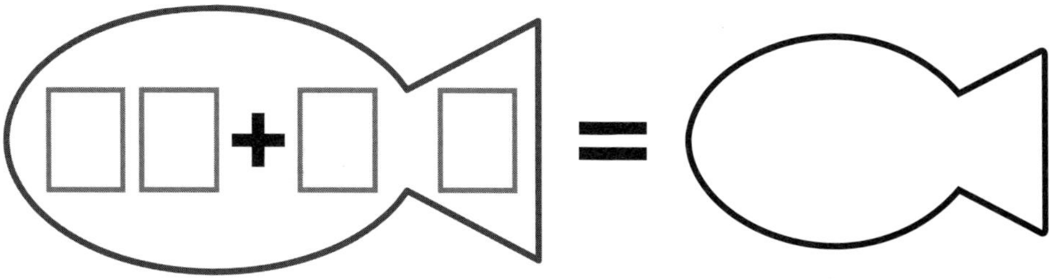

1 おさかなプレート

混合問題《こんごうもんだい》

⇨ p8～11、14～15

❶ 84 × 3

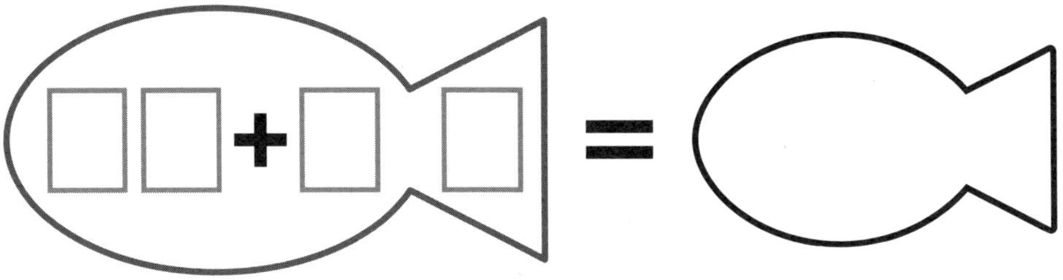

❷ 73 × 7

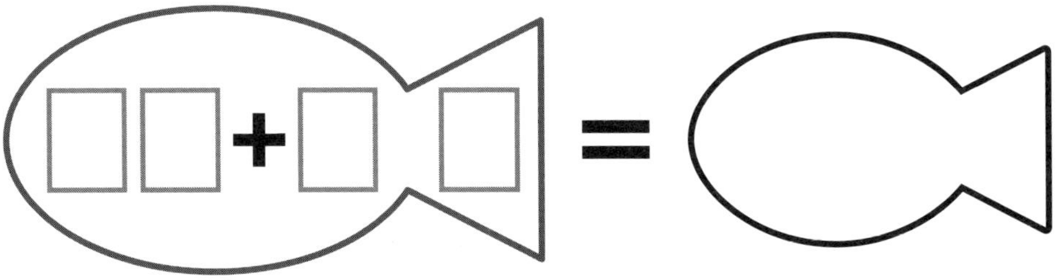

❸ 39 × 2

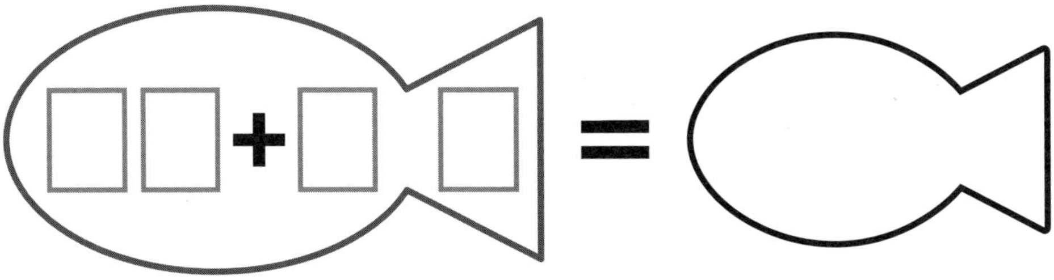

❹ 74 × 7

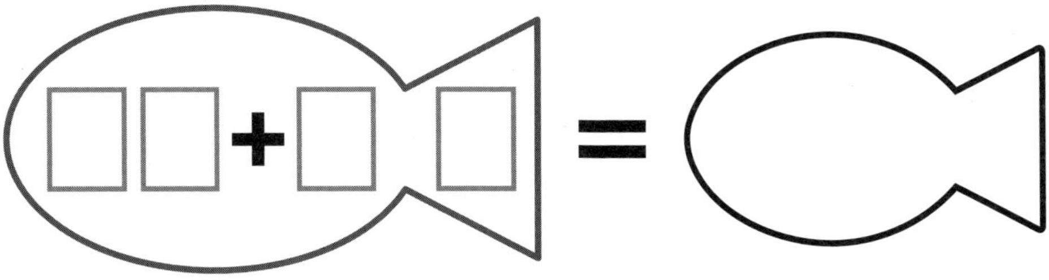

1 おさかなプレート

混合問題《こんごうもんだい》

⇨ p8～11、14～15

❶ 69 × 8

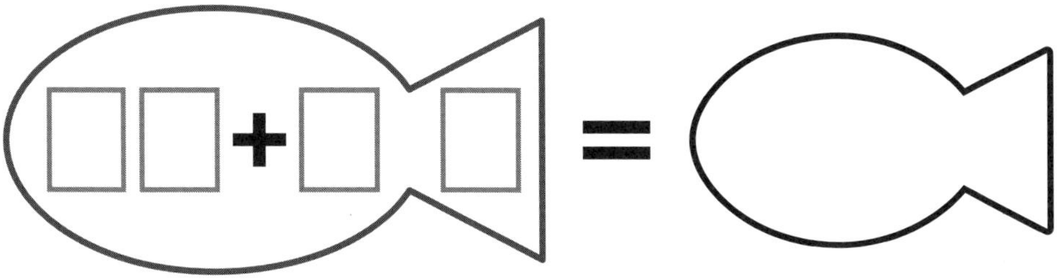

❷ 43 × 3

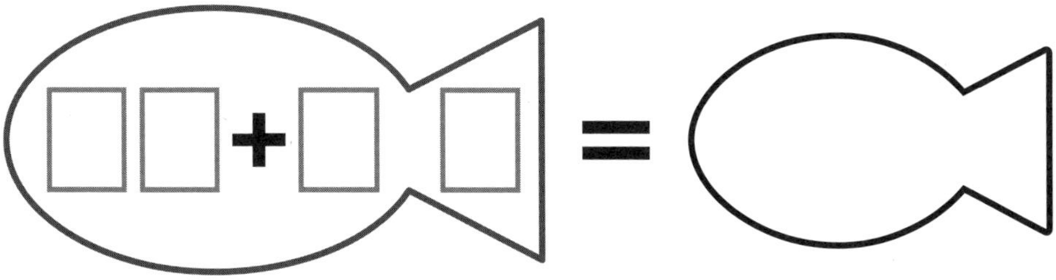

❸ 48 × 7

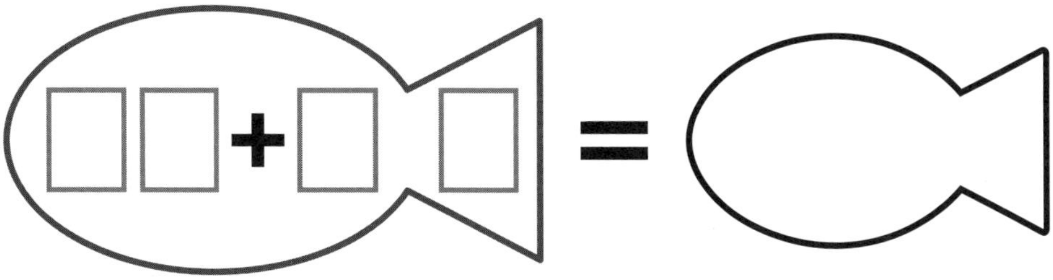

❹ 69 × 6

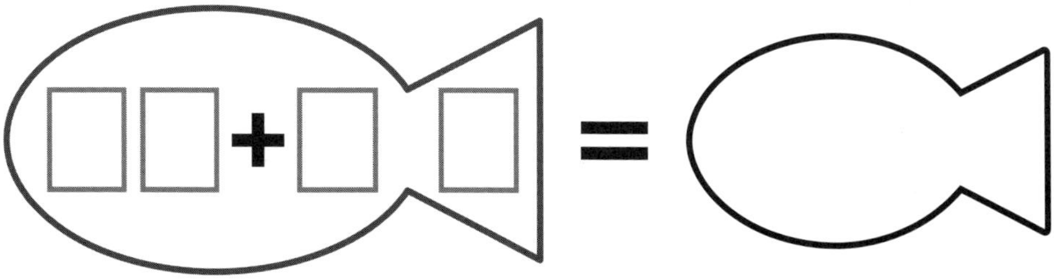

2 ゴーストお絵《え》かきゲーム

⇨ p12～13

下《した》の絵《え》を１分間《ぷんかん》よく見《み》て、できるかぎり正確《せいかく》に覚《おぼ》えましょう。１分後《ぷんご》、-----の谷折《たにお》り線《せん》にそって折《お》り、絵《え》をかくしましょう。どんな絵《え》だったか、思《おも》いうかべながら20数《かぞ》えましょう。数《かぞ》え終《お》わったら、下《した》の絵《え》はかくしたまま、上《うえ》の□の中《なか》にかいてみましょう。
正確《せいかく》にかければかけるほど、暗算力《あんざんりょく》がアップします。

谷折《たにお》り

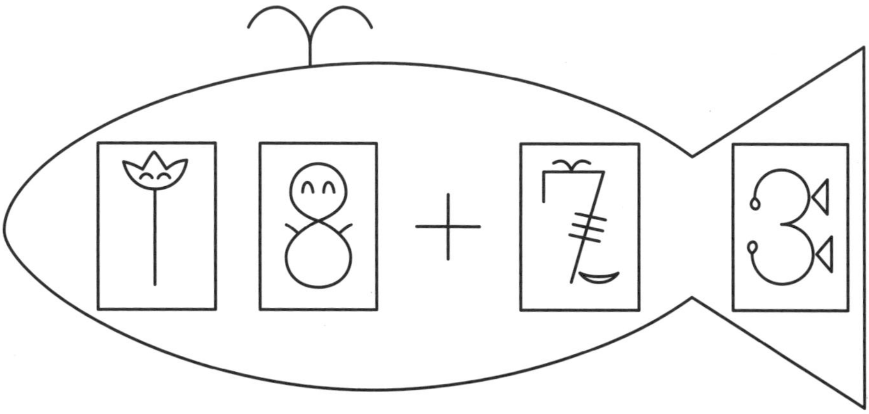

谷折《たにお》り

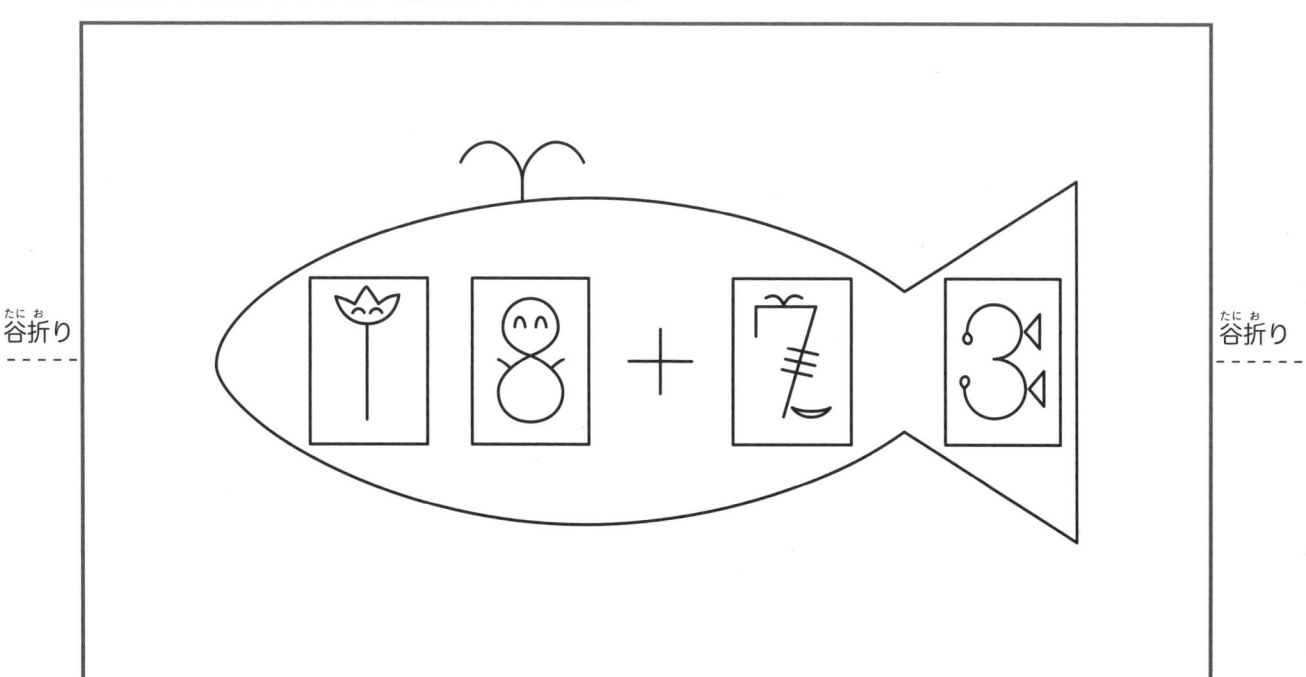

3 おさかなプレートには書《か》かないよ！

やさしい問題《もんだい》

⇨ p16～19

❶ 47×5

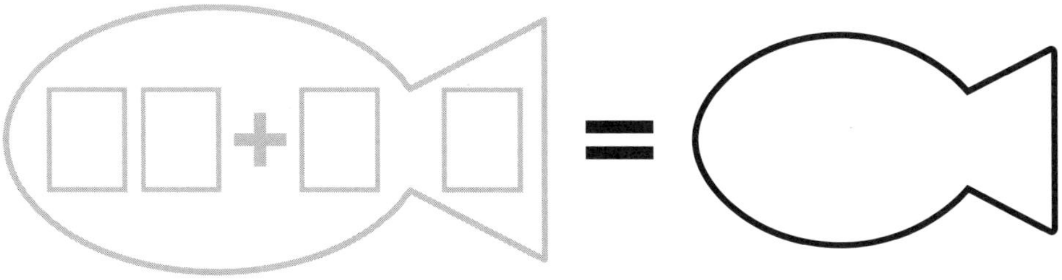

❷ 26×6

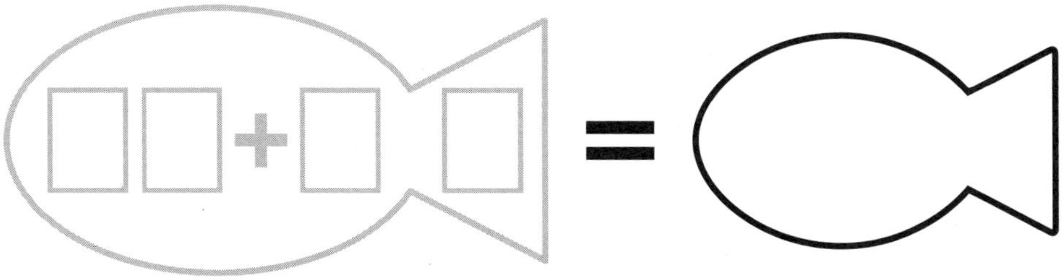

❸ 23×7

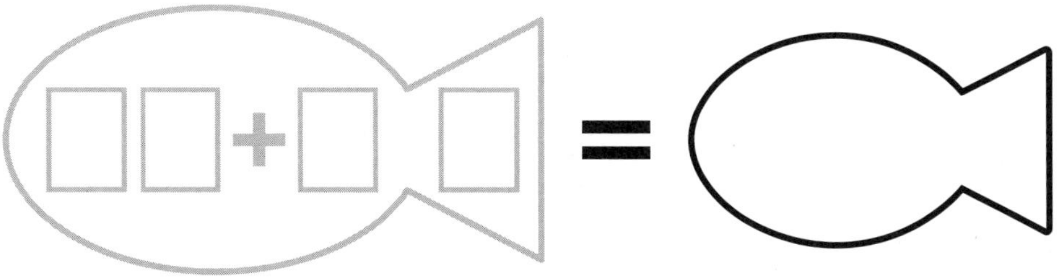

❹ 65×3

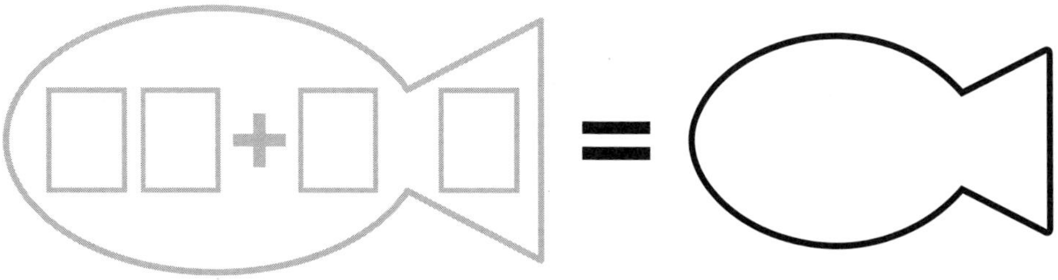

3 おさかなプレートには書かないよ！

やさしい問題《もんだい》
⇨ p16～19

❶ 15 × 5

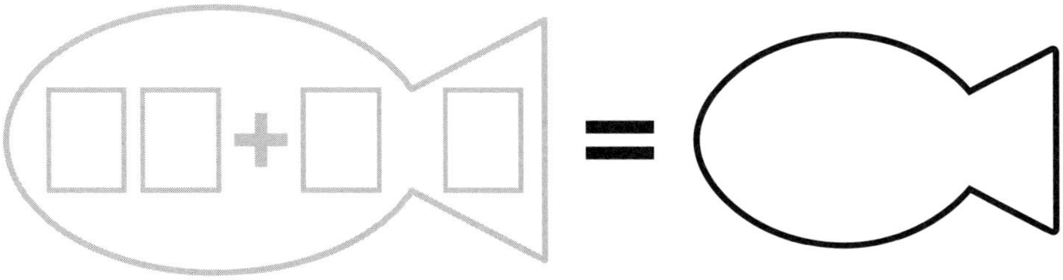

❷ 38 × 7

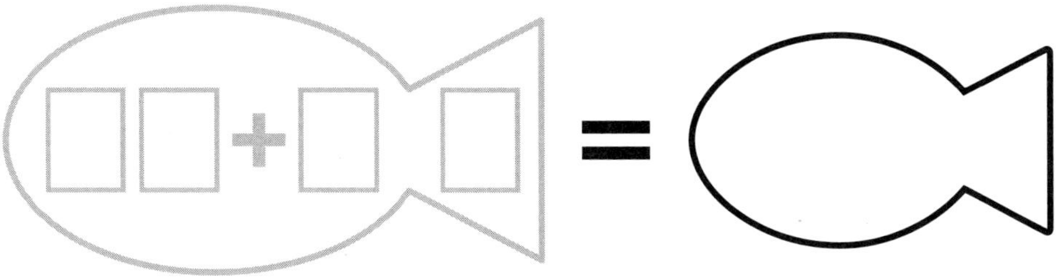

❸ 47 × 3

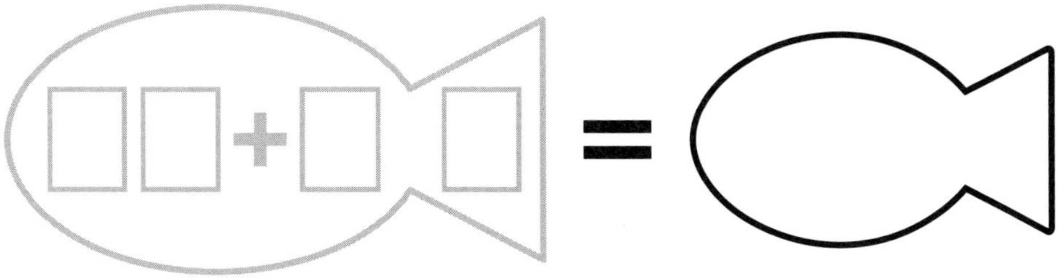

❹ 24 × 4

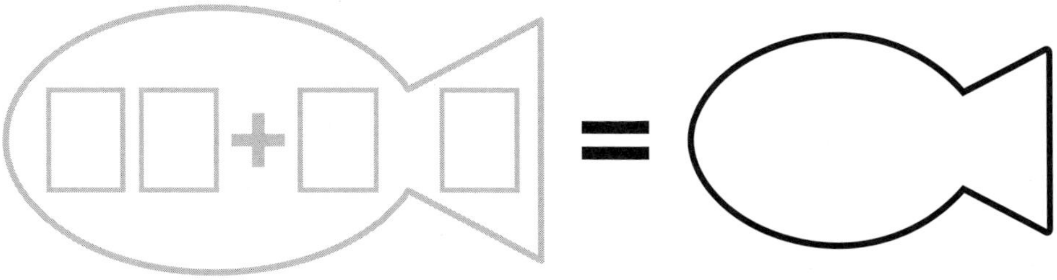

3 おさかなプレートには書《か》かないよ！

やさしい問題《もんだい》
⇨ p16～19

❶ 74 × 5

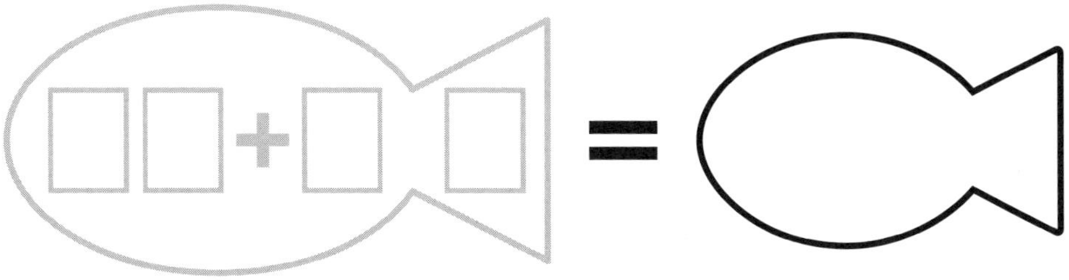

❷ 45 × 3

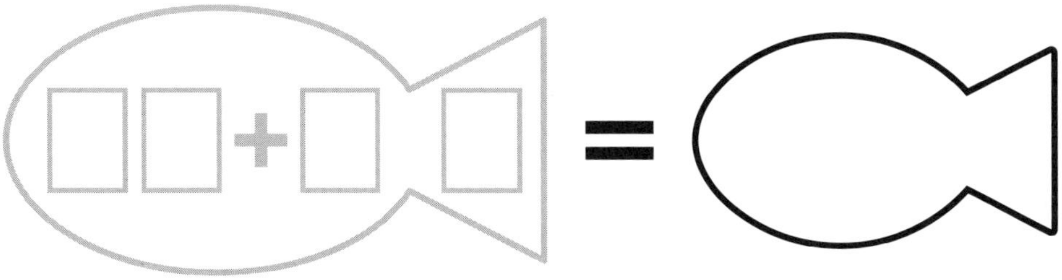

❸ 34 × 4

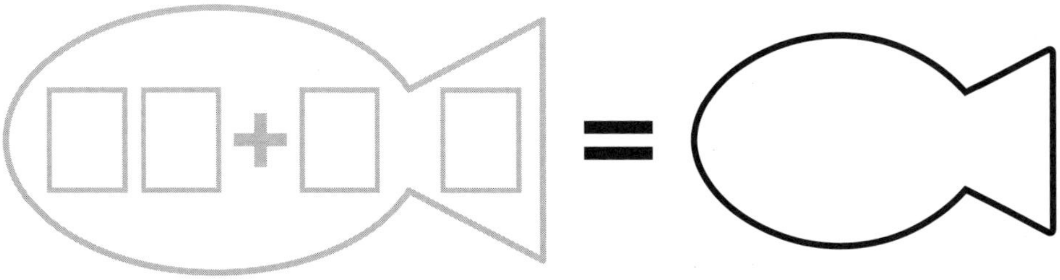

❹ 46 × 6

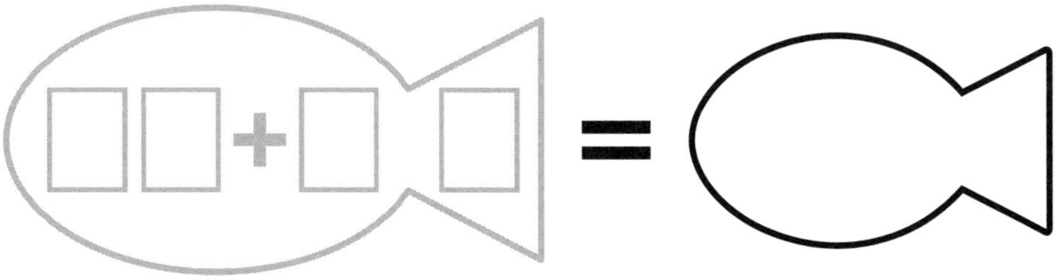

3 おさかなプレートには書かないよ！

むずかしい問題《もんだい》
⇨ p16～19

❶ 84 × 6

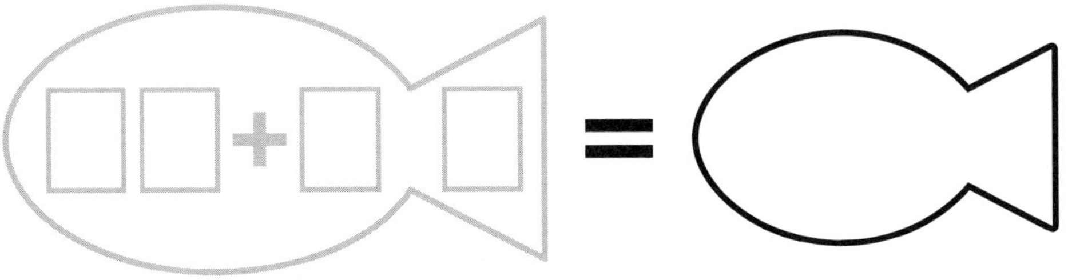

❷ 68 × 9

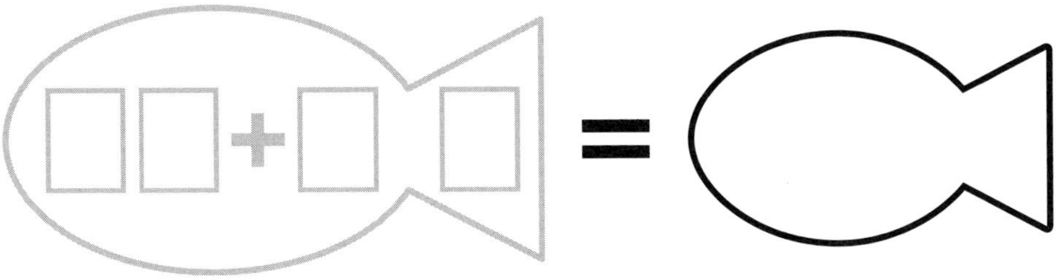

❸ 89 × 8

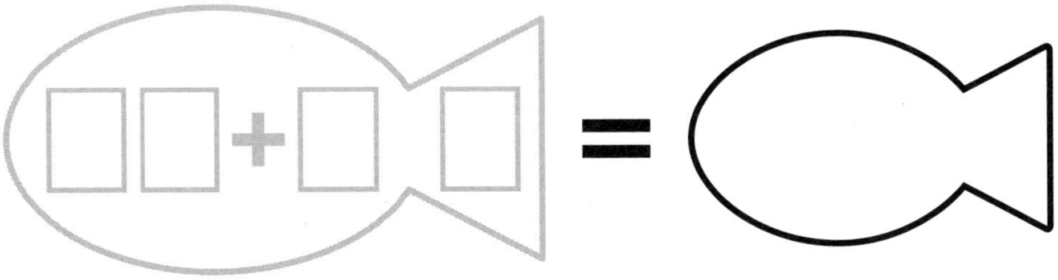

❹ 34 × 3

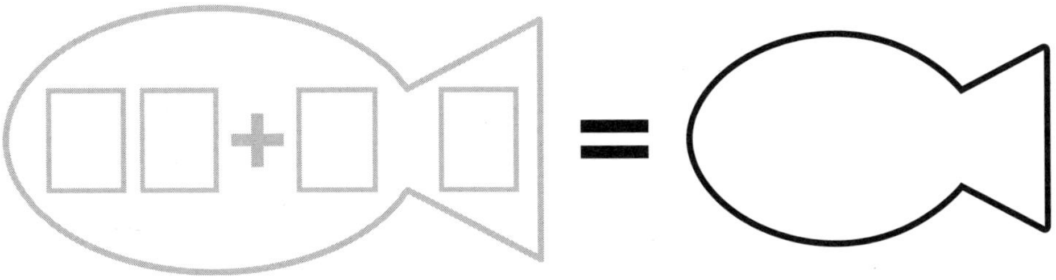

3 おさかなプレートには書かないよ！

むずかしい問題《もんだい》
⇨ p16～19

❶ 59 × 9

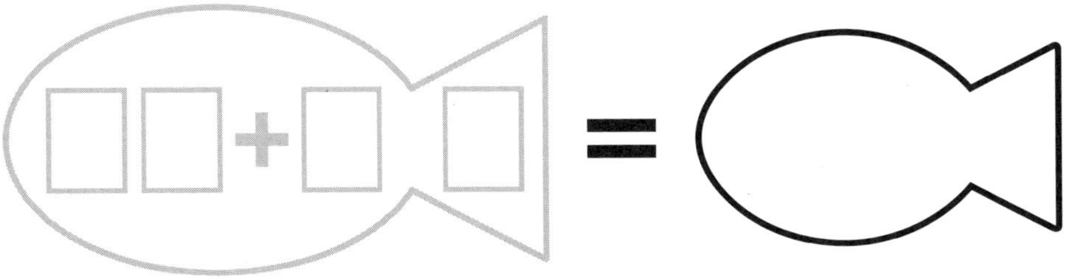

❷ 37 × 3

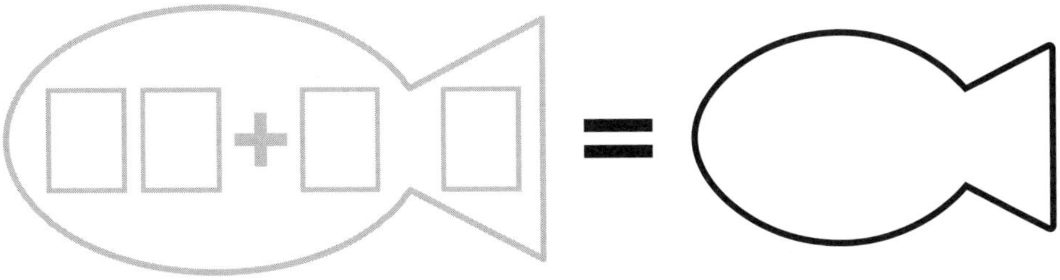

❸ 78 × 8

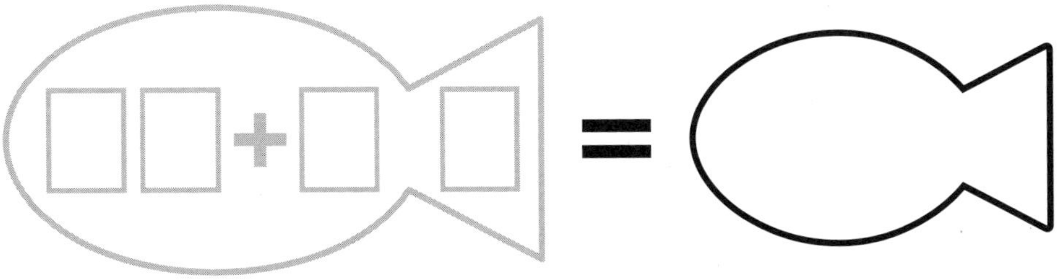

❹ 17 × 6

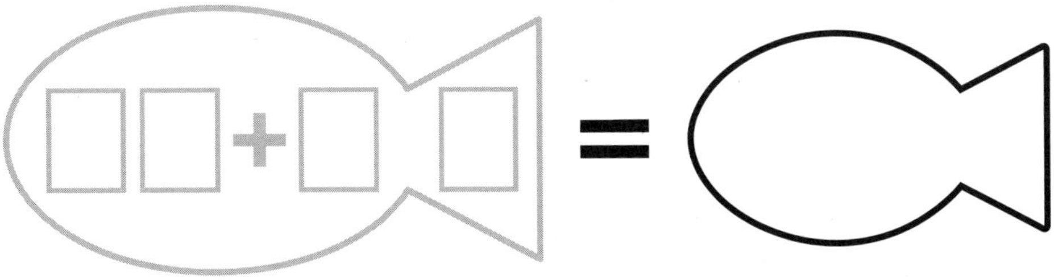

3 おさかなプレートには書かないよ！

むずかしい問題《もんだい》
⇨ p16～19

❶ 89 × 9

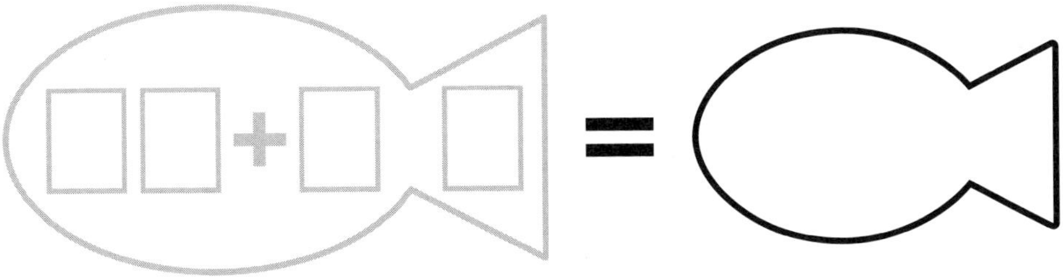

❷ 77 × 7

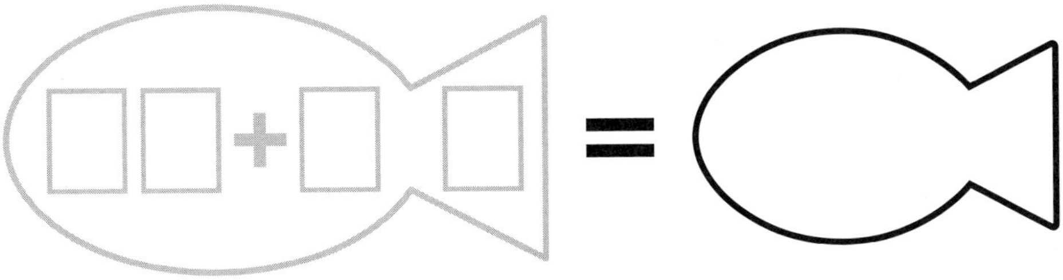

❸ 27 × 8

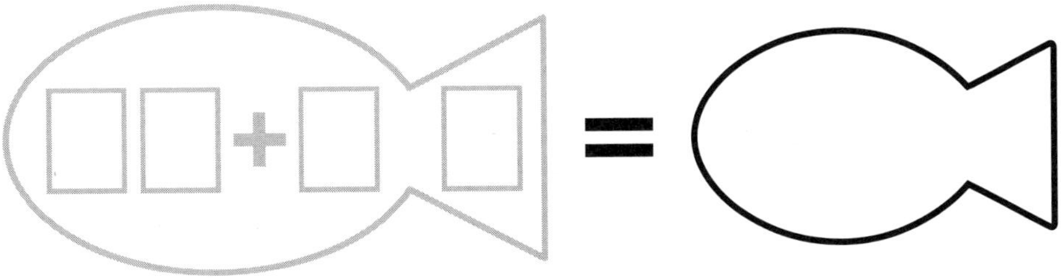

❹ 39 × 8

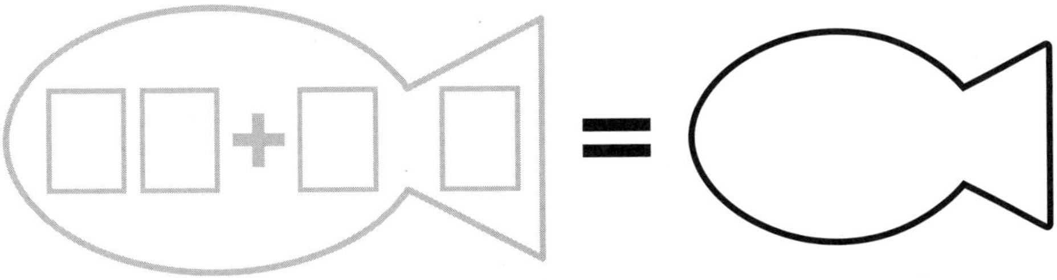

3 おさかなプレートには書かないよ！

混合問題《こんごうもんだい》

⇨ p16～19

❶ 67 × 5

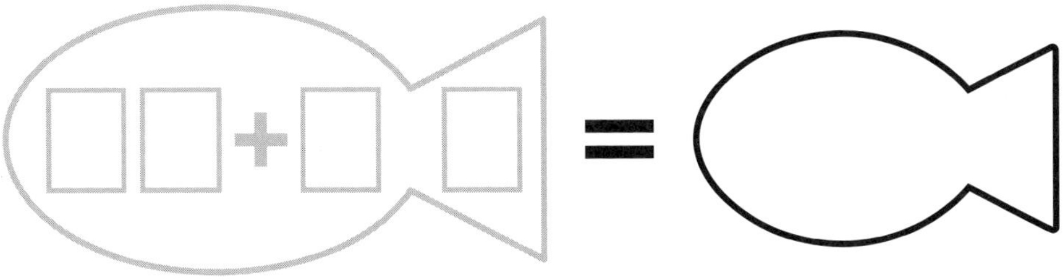

❷ 64 × 4

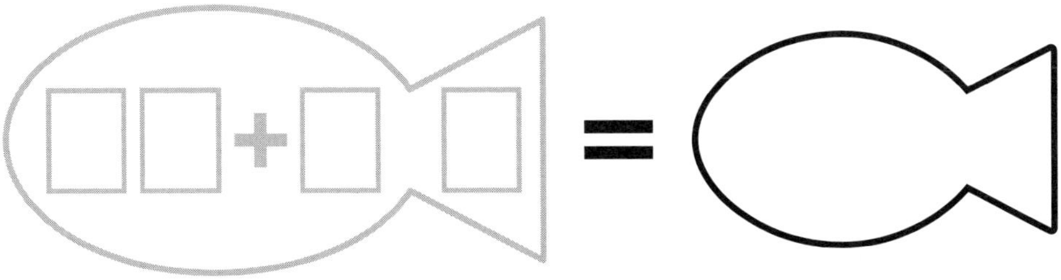

❸ 79 × 4

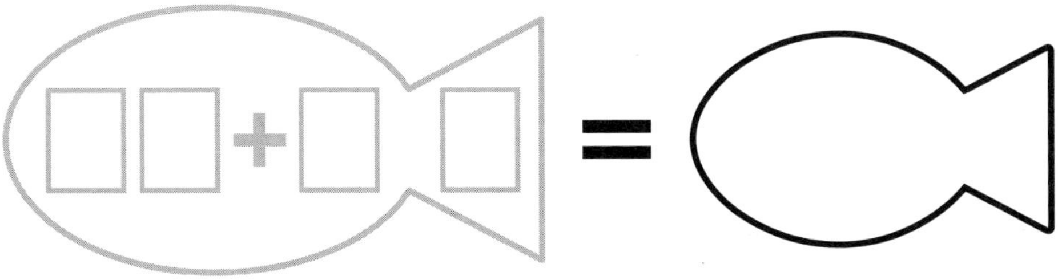

❹ 47 × 4

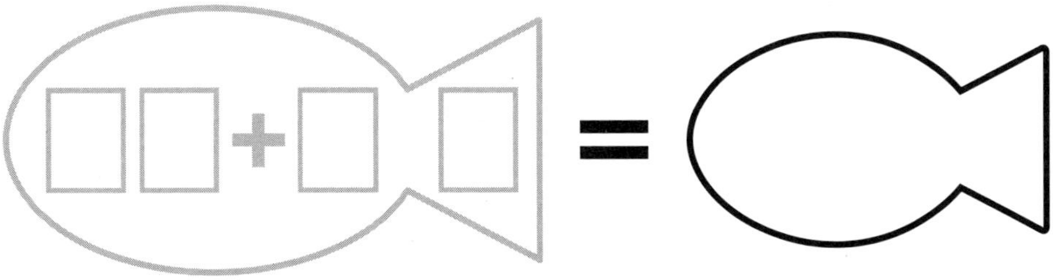

3 おさかなプレートには書《か》かないよ！

混合問題《こんごうもんだい》

⇨ p16〜19

❶ 19 × 9

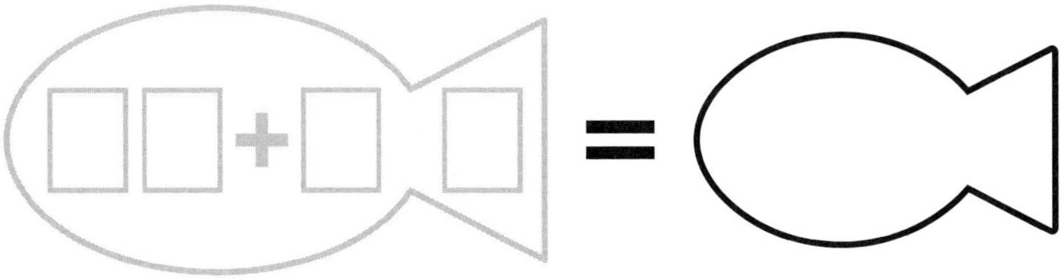

❷ 75 × 7

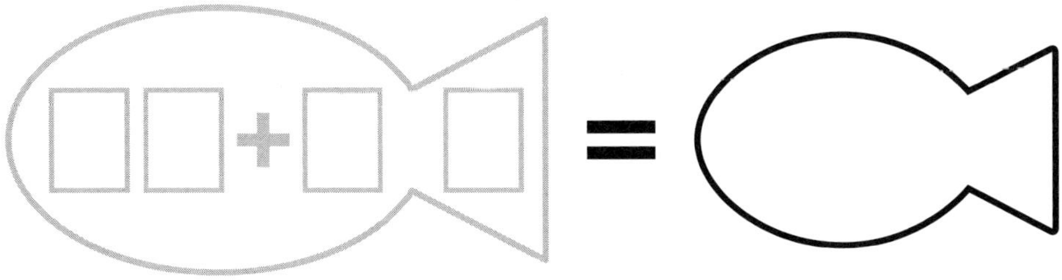

❸ 74 × 6

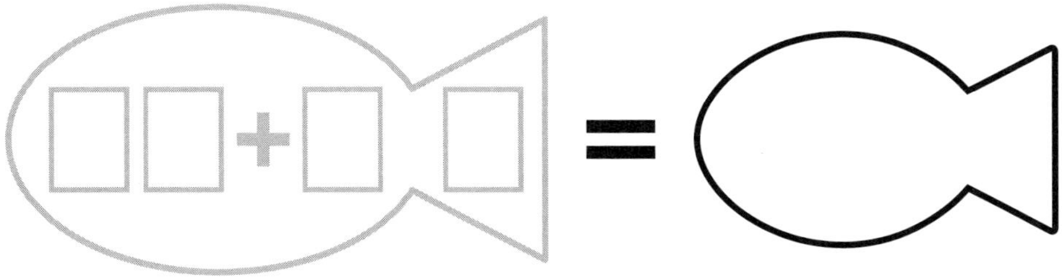

❹ 68 × 5

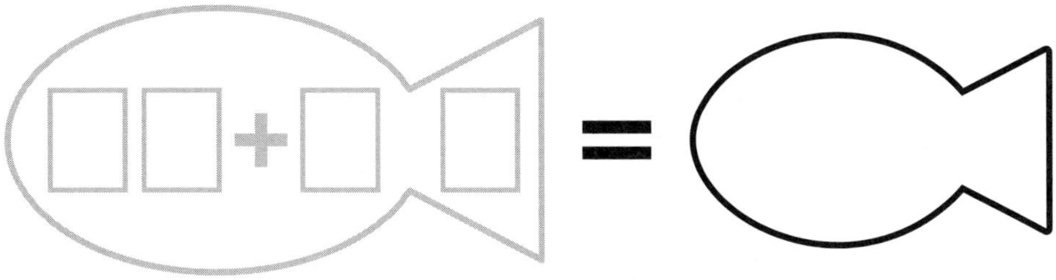

3 おさかなプレートには書かないよ！

混合問題《こんごうもんだい》

⇨ p16～19

❶　86 × 4

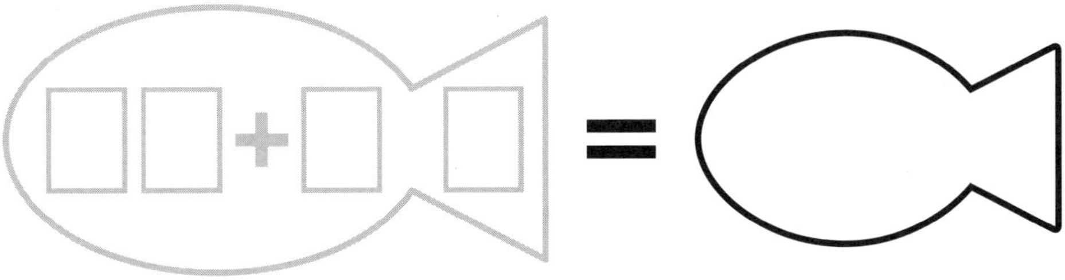

❷　26 × 4

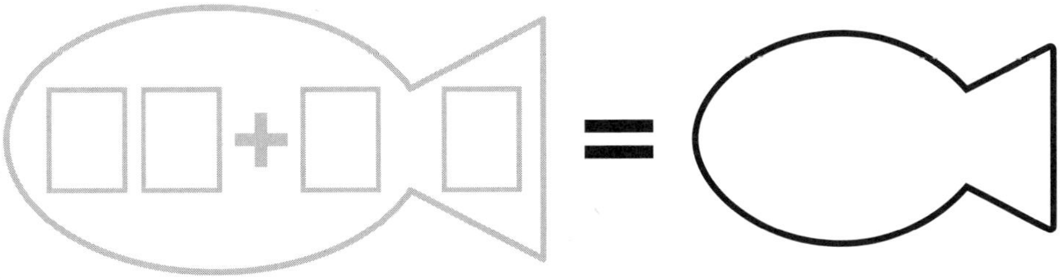

❸　46 × 8

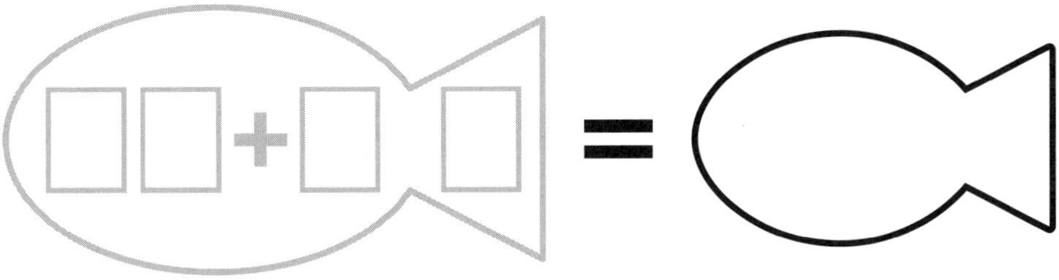

❹　76 × 4

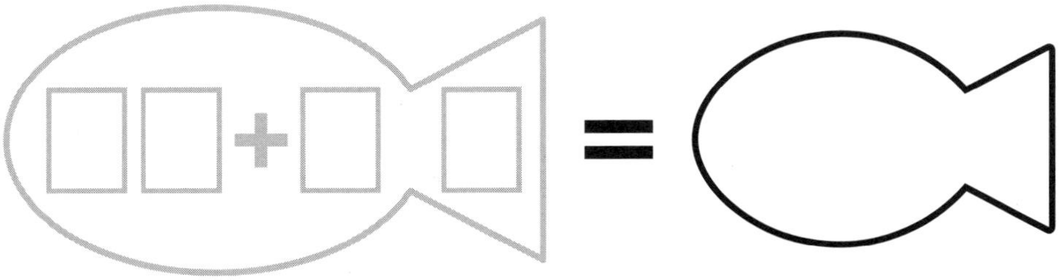

3 おさかなプレートには書かないよ！

混合問題《こんごうもんだい》
⇨ p16～19

❶ 46 × 7

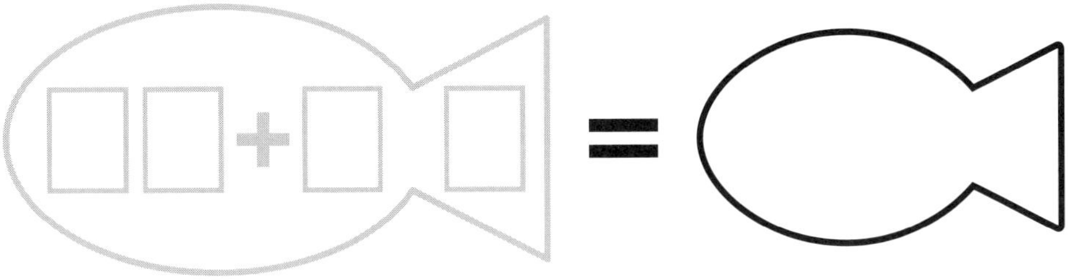

❷ 34 × 8

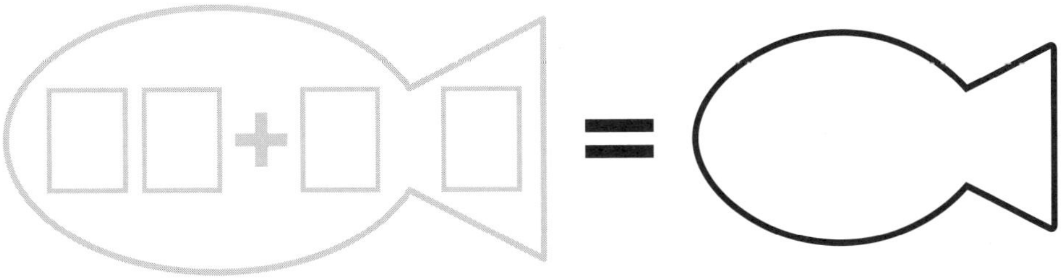

❸ 25 × 7

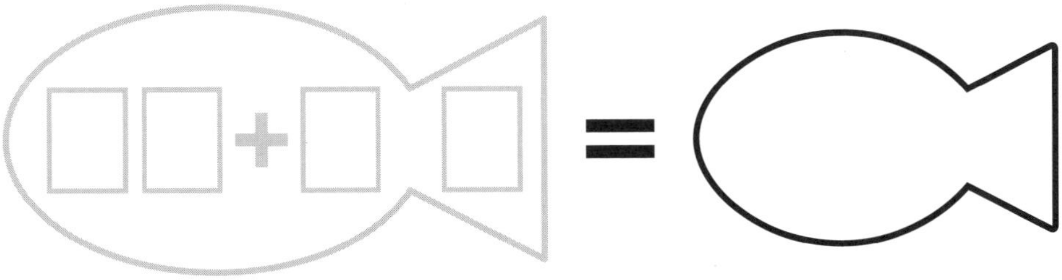

❹ 38 × 8

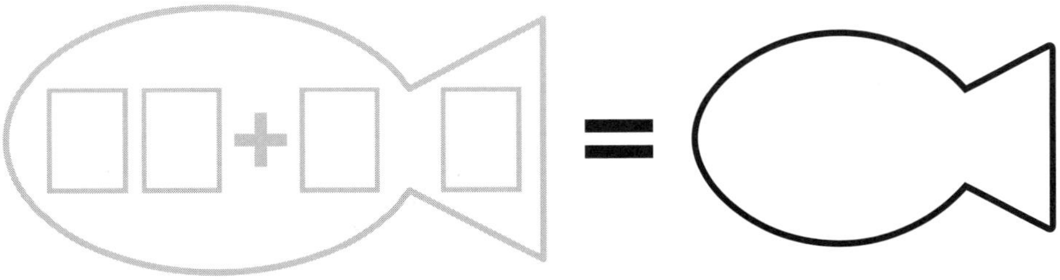

3 おさかなプレートには書《か》かないよ！

混合問題《こんごうもんだい》

⇨ p16～19

❶ 59 × 6

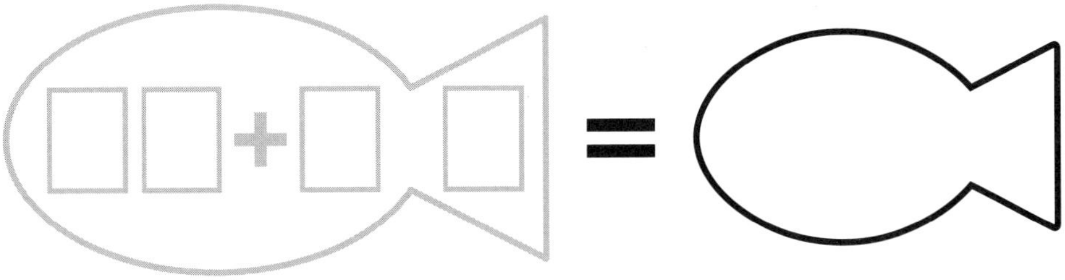

❷ 17 × 9

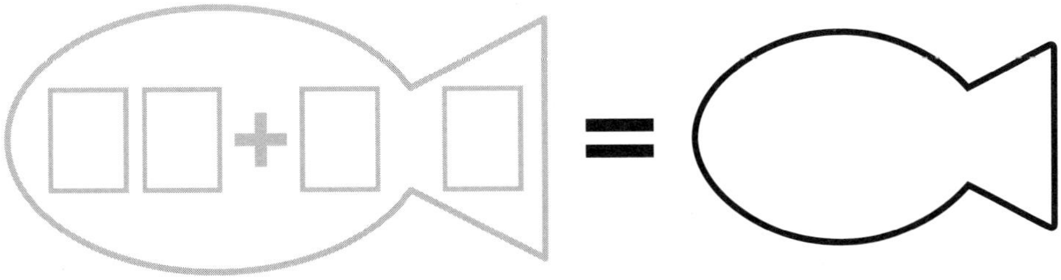

❸ 46 × 3

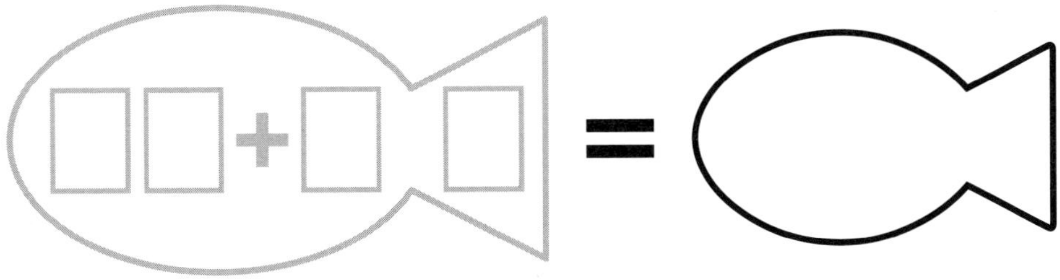

❹ 37 × 9

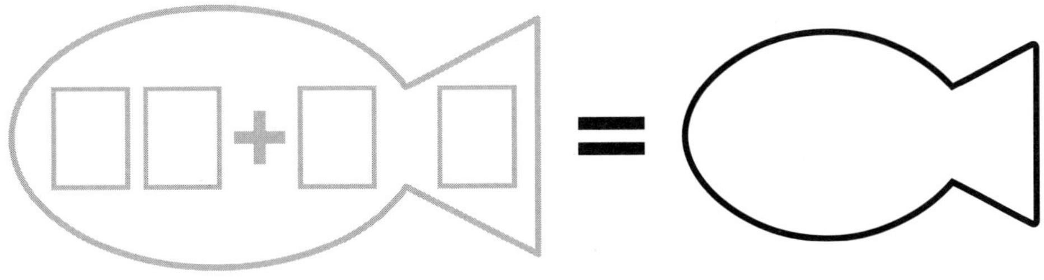

3 おさかなプレートには書かないよ！

混合問題《こんごうもんだい》

⇨ p16〜19

❶ 23 × 3

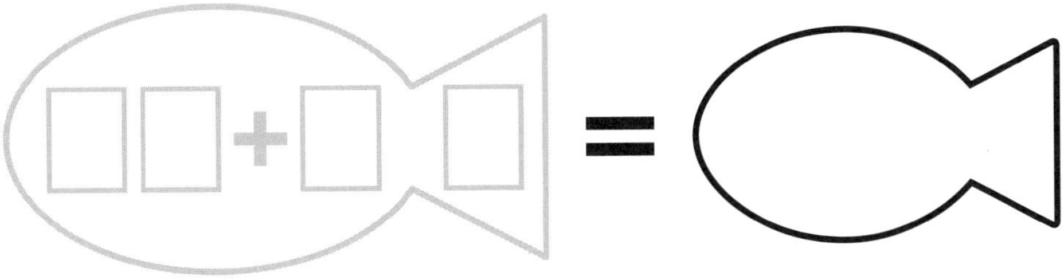

❷ 23 × 4

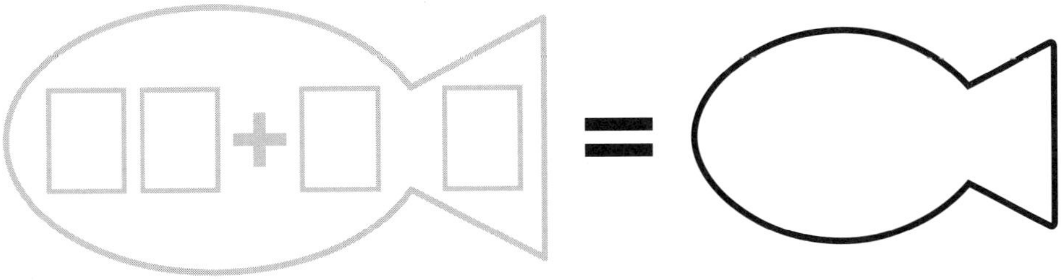

❸ 48 × 3

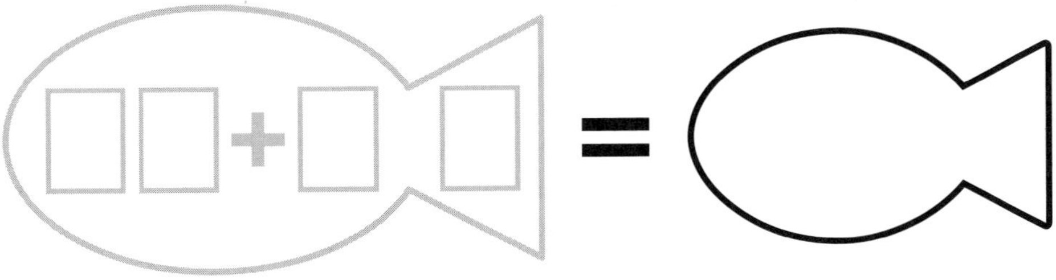

❹ 29 × 4

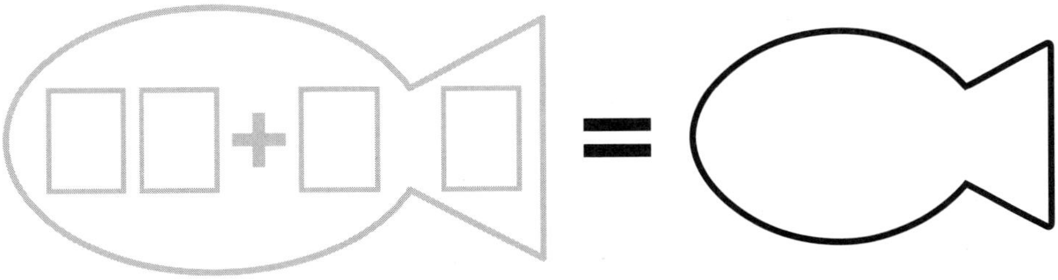

3 おさかなプレートには書かないよ！

混合問題《こんごうもんだい》

⇨ p16～19

❶ 63 × 9

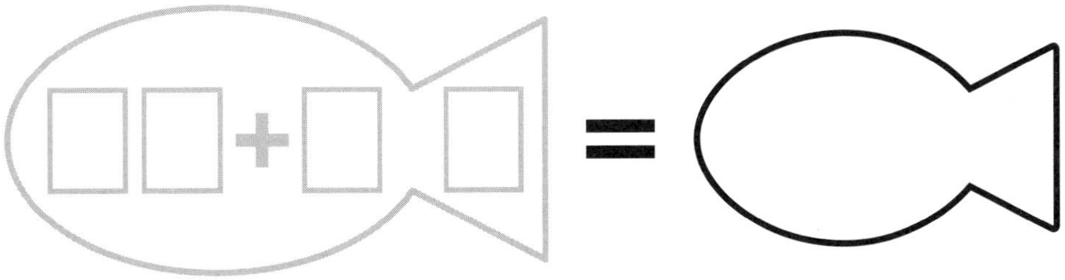

❷ 54 × 2

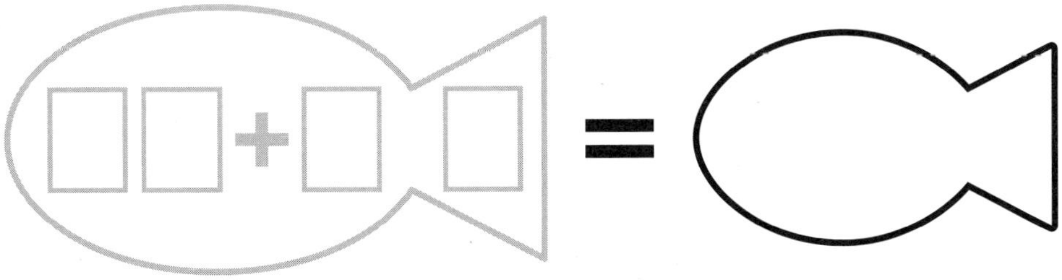

❸ 52 × 7

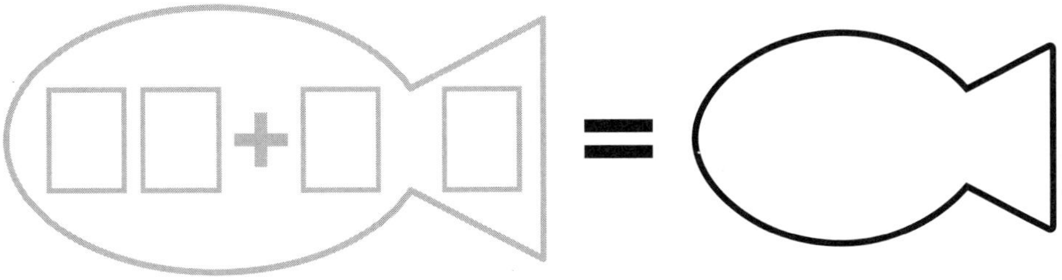

❹ 59 × 7

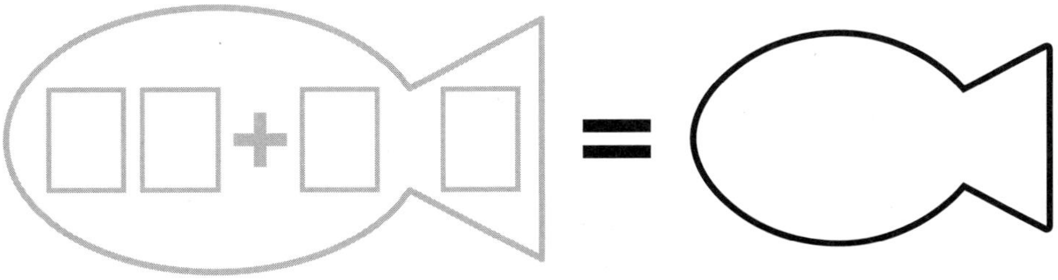

3 おさかなプレートには書《か》かないよ！

混合問題《こんごうもんだい》
⇨ p16〜19

❶ 19 × 4

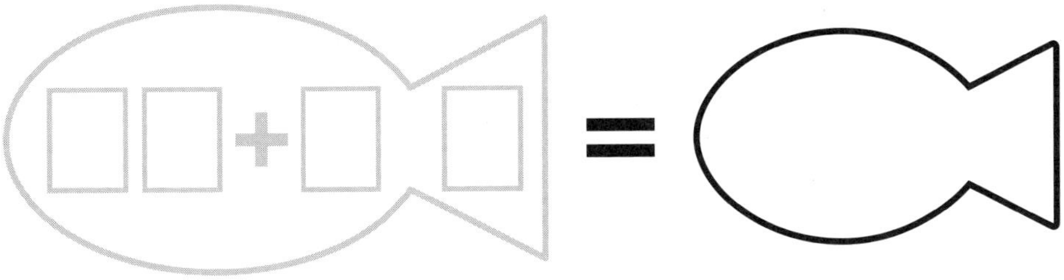

❷ 43 × 8

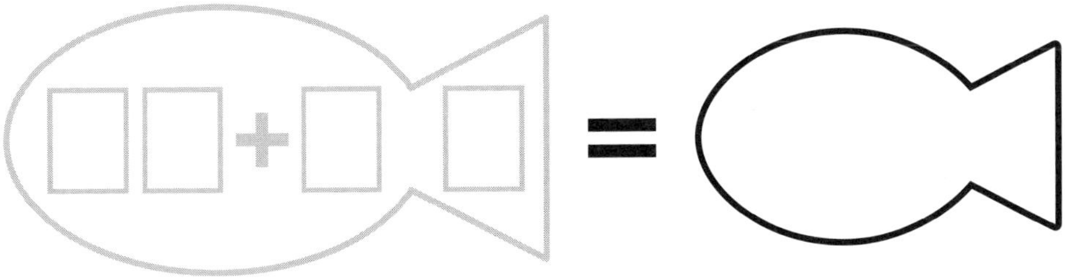

❸ 14 × 9

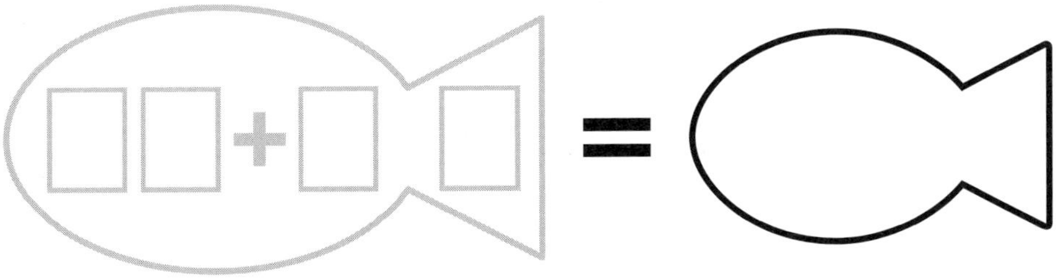

❹ 63 × 5

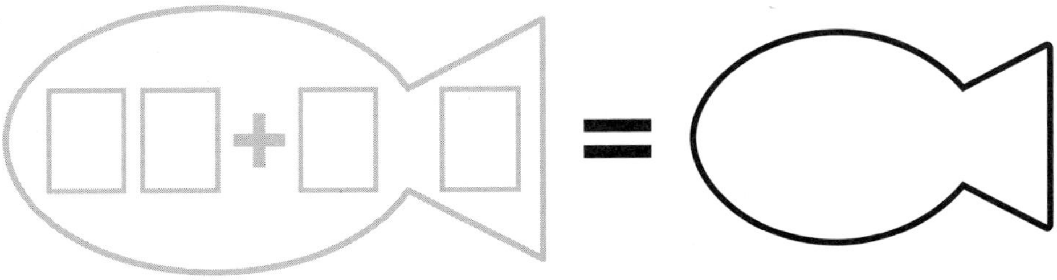

4 おさかなプレートがなくなったよ！

やさしい問題《もんだい》
⇨ p20～23

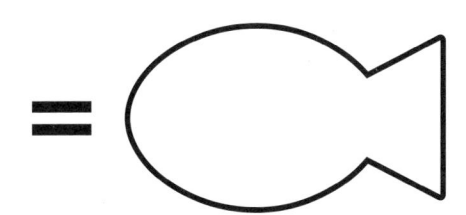

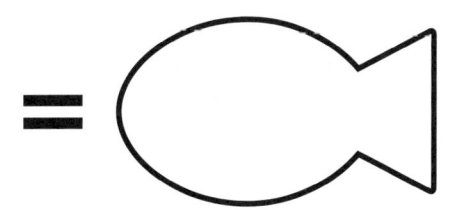

❶ 82 × 3

=

❷ 32 × 7

=

❸ 29 × 3

=

❹ 93 × 4

=

4 おさかなプレートがなくなったよ！

やさしい問題《もんだい》

⇨ p20〜23

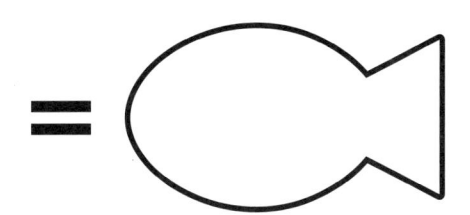

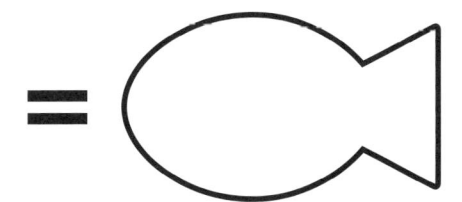

❶ 49 × 4

=

❷ 52 × 2

=

❸ 31 × 4

=

❹ 54 × 4

=

4 おさかなプレートがなくなったよ！

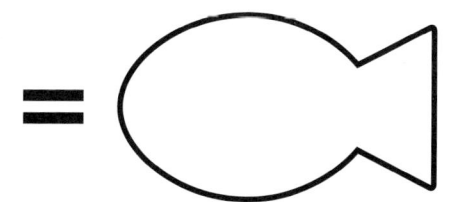

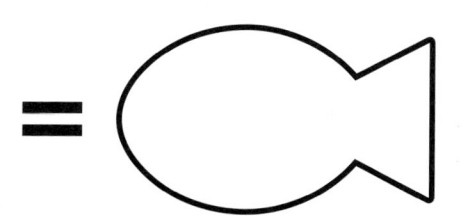

やさしい問題《もんだい》
⇨ p20～23

❶ 23 × 8

=

❷ 52 × 4

=

❸ 41 × 6

=

❹ 57 × 4

=

4 おさかなプレートがなくなったよ！

むずかしい問題《もんだい》
⇨ p20～23

❶ 67 × 3

= 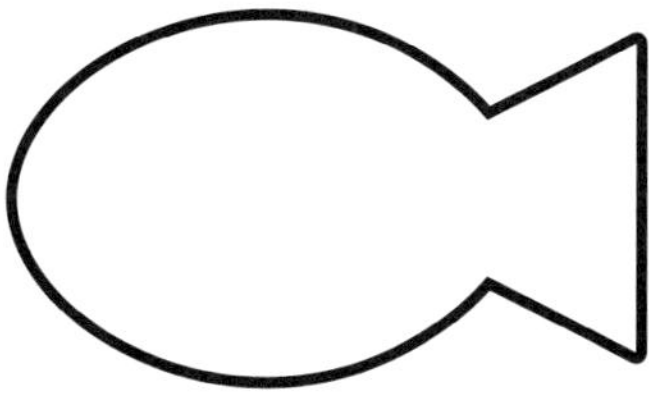

❷ 28 × 4

= 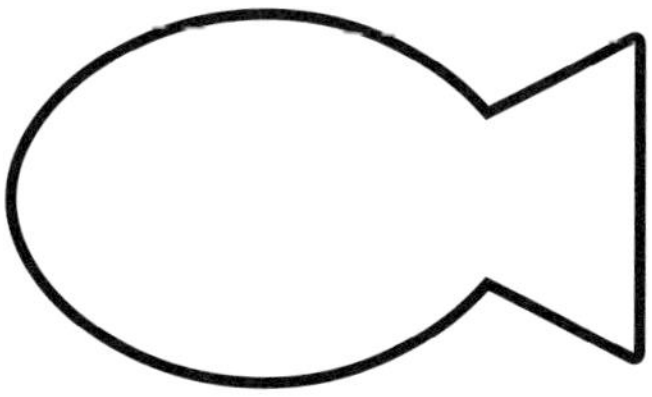

❸ 16 × 9

= 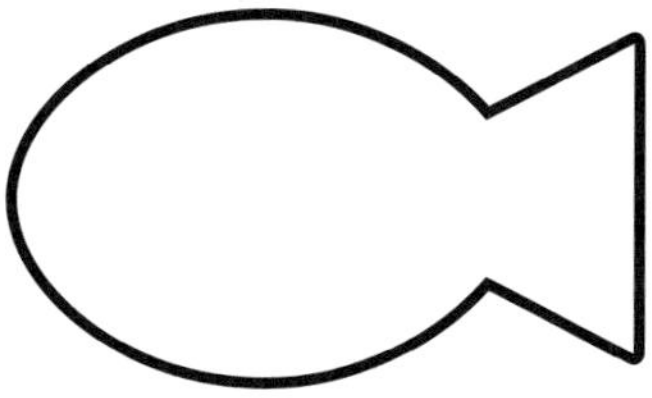

❹ 28 × 9

= 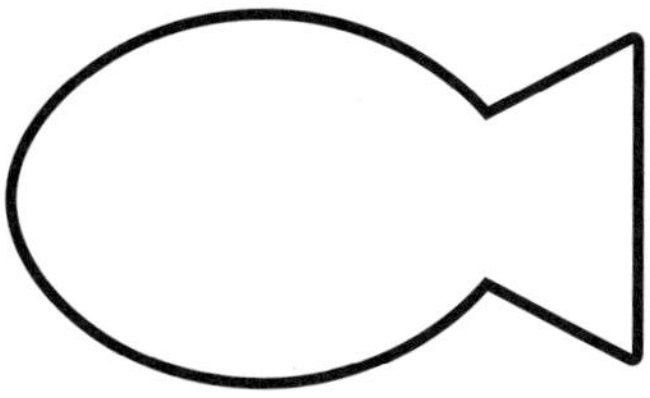

4 おさかなプレートがなくなったよ！

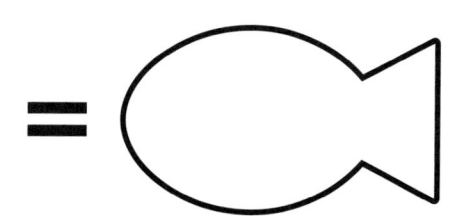

むずかしい問題《もんだい》
⇨ p20～23

❶ 35×9

$=$

❷ 79×8

$=$

❸ 38×3

$=$

❹ 58×9

$=$

4 おさかなプレートがなくなったよ！

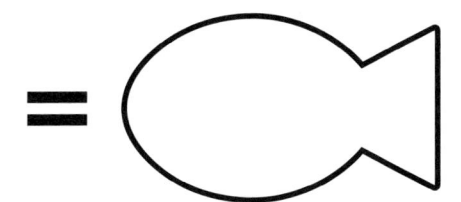

むずかしい問題《もんだい》
⇨ p20～23

❶ 58 × 7

=

❷ 45 × 9

=

❸ 48 × 9

=

❹ 35 × 6

=

4 おさかなプレートがなくなったよ！

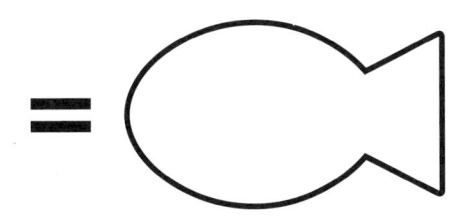

混合問題《こんごうもんだい》
⇨ p20〜23

❶ 69×4

=

❷ 25×3

=

❸ 65×8

=

❹ 86×2

=

4 おさかなプレートがなくなったよ！

混合問題《こんごうもんだい》
⇨ p20～23

❶ 57×9

＝

❷ 75×4

＝

❸ 38×4

＝

❹ 26×9

＝

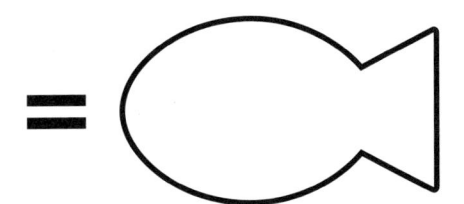

4 おさかなプレートがなくなったよ！

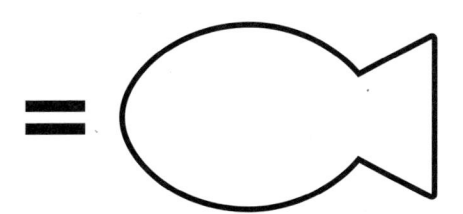

混合問題《こんごうもんだい》

⇨ p20～23

❶ 13 × 6

=

❷ 63 × 4

=

❸ 49 × 7

=

❹ 78 × 6

=

⇨ p20〜23

4 おさかなプレートがなくなったよ！

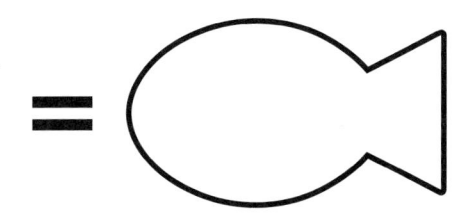

❶ 64 × 2

= 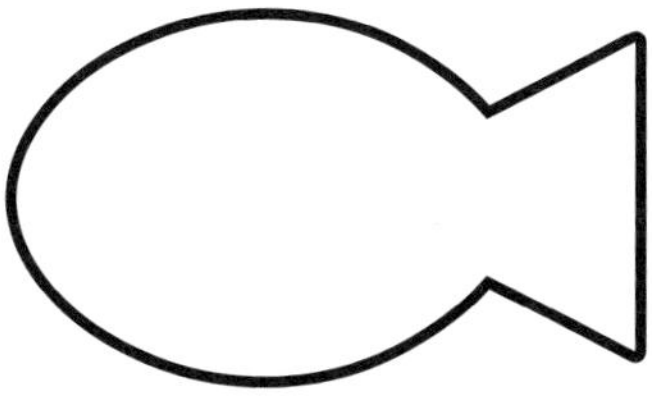

❷ 89 × 7

= 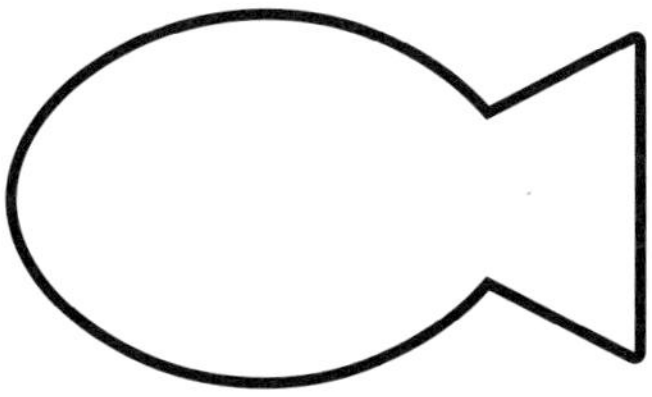

❸ 76 × 7

= 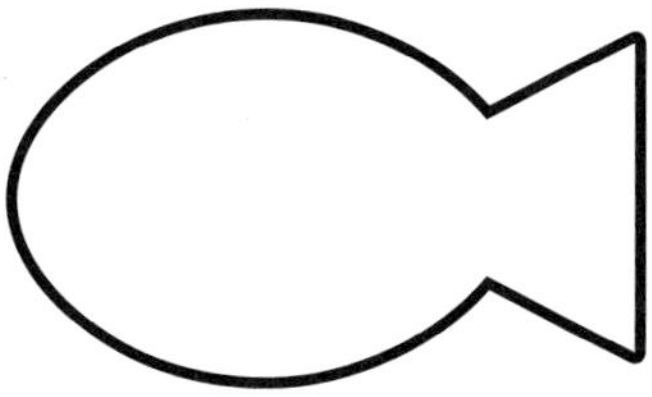

❹ 54 × 7

= 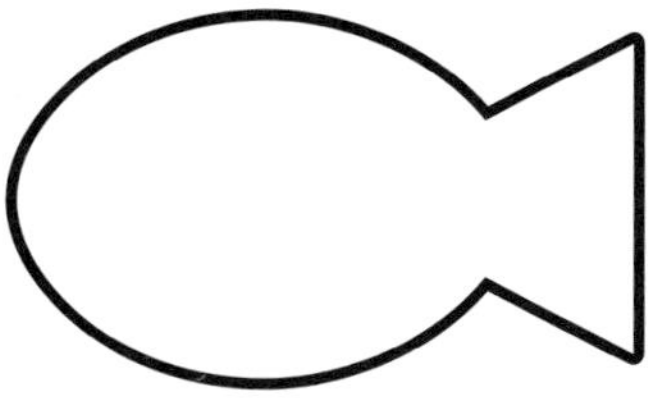

4 おさかなプレートがなくなったよ！

混合問題《こんごうもんだい》
⇨ p20～23

❶ 29 × 9

=

❷ 34 × 9

=

❸ 65 × 4

=

❹ 33 × 4

=

4 おさかなプレートがなくなったよ！

混合問題《こんごうもんだい》

⇨ p20〜23

❶ 33 × 9

=

❷ 63 × 8

=

❸ 73 × 5

=

❹ 51 × 7

=

4 おさかなプレートがなくなったよ！

混合問題《こんごうもんだい》
⇨ p20～23

❶ 27 × 4

= 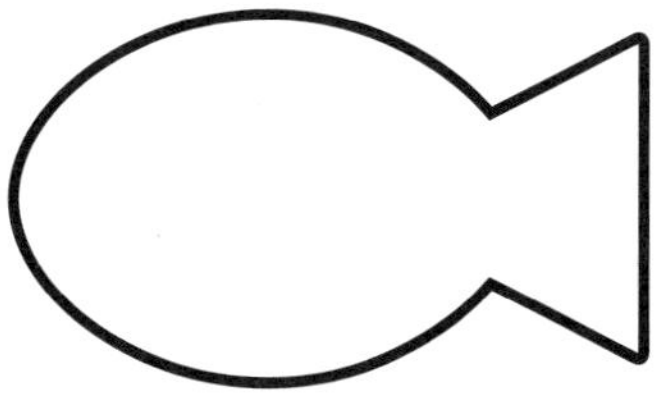

❷ 53 × 5

= 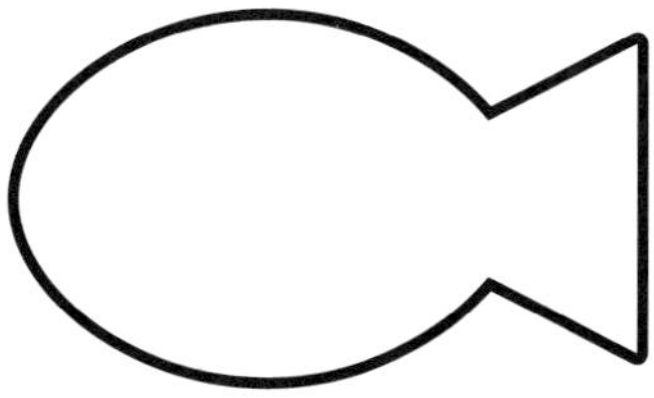

❸ 42 × 8

= 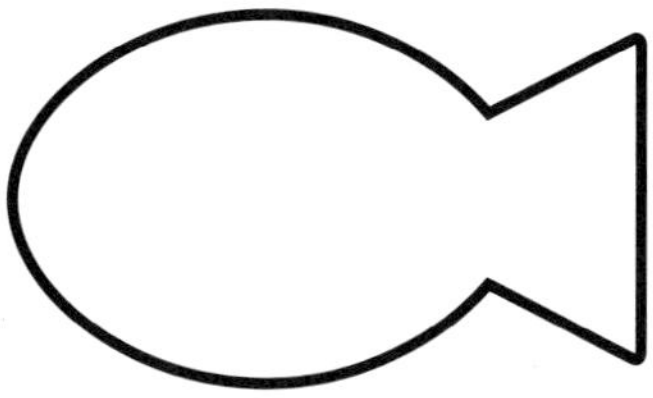

❹ 28 × 8

= 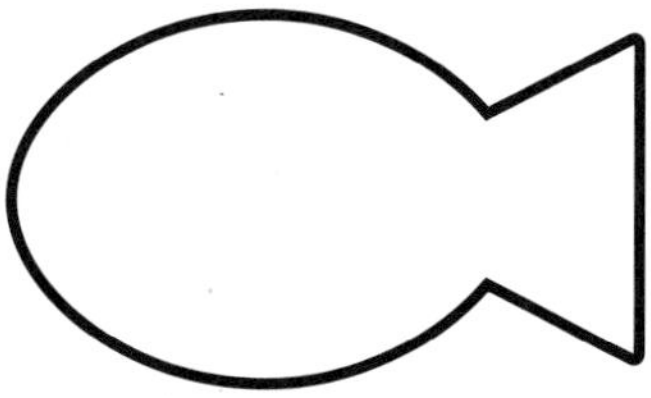

4 おさかなプレートがなくなったよ！

混合問題《こんごうもんだい》

⇨ p20～23

❶ 69 × 9

= 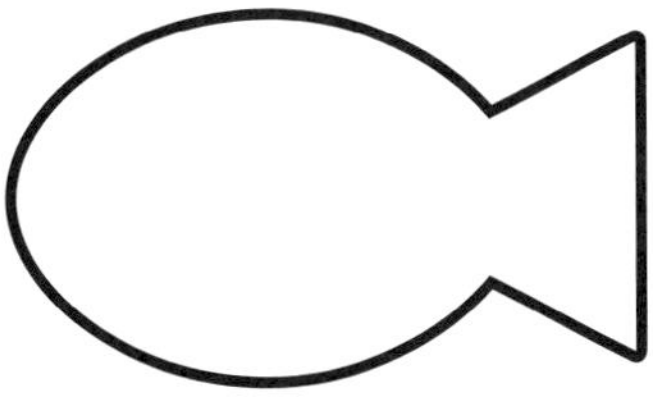

❷ 43 × 6

= 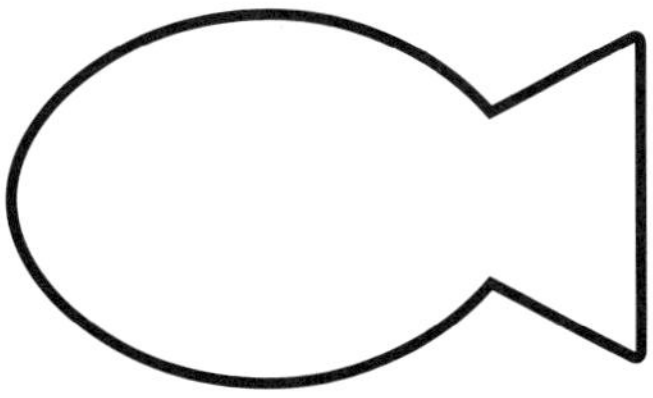

❸ 67 × 8

= 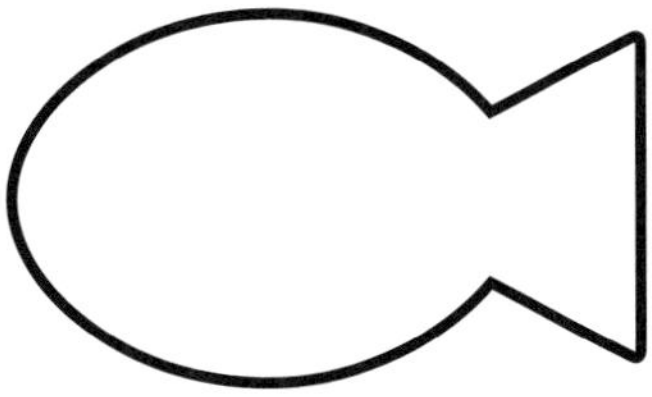

❹ 46 × 5

= 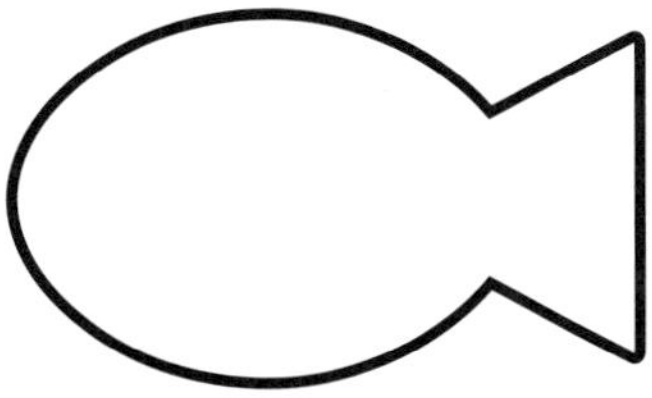

5 最終《さいしゅう》テスト 岩波暗算検定《いわなみあんざんけんてい》

制限時間《せいげんじかん》10分《ぶん》

⇨ p24～25

① 34 × 8 =

② 63 × 6 =

③ 35 × 4 =

④ 62 × 6 =

⑤ 29 × 9 =

⑥ 35 × 8 =

⑦ 48 × 5 =

⑧ 13 × 2 =

⑨ 46 × 7 =

⑩ 44 × 5 =

⑪ 31 × 3 =

⑫ 59 × 5 =

⑬ 43 × 9 =

⑭ 19 × 8 =

⑮ 84 × 6 =

⑯ 27 × 5 =

⑰ 85 × 4 =

⑱ 71 × 6 =

⑲ 49 × 2 =

⑳ 69 × 3 =

㉑ 13 × 9 =

㉒ 34 × 4 =

㉓ 65 × 4 =

㉔ 35 × 3 =

㉕ 36 × 9 =

㉖ 56 × 3 =

㉗ 18 × 7 =

㉘ 91 × 8 =

㉙ 68 × 9 =

㉚ 62 × 2 =

点《てん》/30	かかった 時間《じかん》 分《ふん》 秒《びょう》	10～14点《てん》 5級《きゅう》 レベル	15～23点《てん》 4級《きゅう》 レベル	24点《てん》～ 3級《きゅう》 レベル

5 最終《さいしゅう》テスト 岩波暗算検定《いわなみあんざんけんてい》

制限時間《せいげんじかん》 10 分《ぷん》

⇨ p24 ～25

❶ $56 \times 4 =$

❷ $46 \times 3 =$

❸ $21 \times 8 =$

❹ $69 \times 8 =$

❺ $18 \times 6 =$

❻ $52 \times 9 =$

❼ $46 \times 7 =$

❽ $72 \times 5 =$

❾ $68 \times 7 =$

❿ $19 \times 8 =$

⓫ $39 \times 9 =$

⓬ $58 \times 3 =$

⓭ $15 \times 5 =$

⓮ $89 \times 2 =$

⓯ $92 \times 5 =$

⓰ $77 \times 7 =$

⓱ $41 \times 5 =$

⓲ $52 \times 5 =$

⓳ $49 \times 6 =$

⓴ $73 \times 9 =$

㉑ $78 \times 7 =$

㉒ $57 \times 2 =$

㉓ $55 \times 7 =$

㉔ $87 \times 4 =$

㉕ $15 \times 4 =$

㉖ $66 \times 5 =$

㉗ $41 \times 5 =$

㉘ $68 \times 8 =$

㉙ $86 \times 3 =$

㉚ $32 \times 9 =$

点《てん》／30	かかった 時間《じかん》　分《ふん》　秒《びょう》	10～14点《てん》 5級《きゅう》レベル	15～23点《てん》 4級《きゅう》レベル	24点《てん》～ 3級《きゅう》レベル

5 最終《さいしゅう》テスト 岩波《いわなみ》暗算《あんざん》検定《けんてい》

制限時間《せいげんじかん》10分《ぷん》

⇨ p24～25

① 93 × 2 ＝

② 27 × 3 ＝

③ 13 × 7 ＝

④ 93 × 9 ＝

⑤ 78 × 7 ＝

⑥ 84 × 3 ＝

⑦ 76 × 5 ＝

⑧ 85 × 2 ＝

⑨ 68 × 8 ＝

⑩ 88 × 6 ＝

⑪ 75 × 5 ＝

⑫ 82 × 3 ＝

⑬ 54 × 7 ＝

⑭ 85 × 4 ＝

⑮ 68 × 6 ＝

⑯ 87 × 9 ＝

⑰ 61 × 4 ＝

⑱ 33 × 2 ＝

⑲ 88 × 4 ＝

⑳ 58 × 9 ＝

㉑ 93 × 5 ＝

㉒ 24 × 2 ＝

㉓ 88 × 8 ＝

㉔ 98 × 2 ＝

㉕ 97 × 7 ＝

㉖ 31 × 6 ＝

㉗ 38 × 9 ＝

㉘ 51 × 7 ＝

㉙ 74 × 8 ＝

㉚ 59 × 5 ＝

点《てん》／30	かかった 時間《じかん》 分《ふん》 秒《びょう》	10～14点《てん》 5級《きゅう》レベル	15～23点《てん》 4級《きゅう》レベル	24点《てん》～ 3級《きゅう》レベル

答《こた》え

①おさかなプレート

p2
① 245 ② 256 ③ 210 ④ 564

p3
① 415 ② 48 ③ 448 ④ 399

p4
① 450 ② 156 ③ 188 ④ 276

p5
① 512 ② 516 ③ 536 ④ 342

p6
① 234 ② 528 ③ 216 ④ 308

p7
① 301 ② 414 ③ 329 ④ 315

p8
① 225 ② 128 ③ 264 ④ 534

p9
① 128 ② 462 ③ 423 ④ 504

p10
① 204 ② 144 ③ 168 ④ 232

p11
① 648 ② 333 ③ 744 ④ 405

p12
① 180 ② 190 ③ 144 ④ 62

p13
① 380 ② 304 ③ 396 ④ 624

p14
① 252 ② 511 ③ 78 ④ 518

p15
① 552 ② 129 ③ 336 ④ 414

③おさかなプレートには書《か》かないよ！

p17
① 235 ② 156 ③ 161 ④ 195

p18
① 75 ② 266 ③ 141 ④ 96

p19
① 370 ② 135 ③ 136 ④ 276

p20
① 504 ② 612 ③ 712 ④ 102

p21
① 531 ② 111 ③ 624 ④ 102

p22
① 801 ② 539 ③ 216 ④ 312

p23
① 335 ② 256 ③ 316 ④ 188

p24
① 171 ② 525 ③ 444 ④ 340

p25
① 344 ② 104 ③ 368 ④ 304

p26
① 322 ② 272 ③ 175 ④ 304

p27
① 354 ② 153 ③ 138 ④ 333

p28
① 69 ② 92 ③ 144 ④ 116

p29
① 567 ② 108 ③ 364 ④ 413

p30
① 76 ② 344 ③ 126 ④ 315

④おさかなプレートがなくなったよ！

p31
① 246 ② 224 ③ 87 ④ 372

p32
① 196 ② 104 ③ 124 ④ 216

p33
① 184 ② 208 ③ 246 ④ 228

p34
① 201 ② 112 ③ 144 ④ 252

p35
① 315 ② 632 ③ 114 ④ 522

p36
① 406 ② 405 ③ 432 ④ 210

p37
① 276 ② 75 ③ 520 ④ 172

p38
① 513 ② 300 ③ 152 ④ 234

p39
① 78 ② 252 ③ 343 ④ 468

p40
① 128 ② 623 ③ 532 ④ 378

p41
① 261 ② 306 ③ 260 ④ 132

p42
① 297 ② 504 ③ 365 ④ 357

p43
① 108 ② 265 ③ 336 ④ 224

p44
① 621 ② 258 ③ 536 ④ 230

⑤最終《さいしゅう》テスト

p45
① 272 ② 378 ③ 140
④ 372 ⑤ 261 ⑥ 280
⑦ 240 ⑧ 26 ⑨ 322
⑩ 220 ⑪ 93 ⑫ 295
⑬ 387 ⑭ 152 ⑮ 504
⑯ 135 ⑰ 340 ⑱ 426
⑲ 98 ⑳ 207 ㉑ 117
㉒ 136 ㉓ 260 ㉔ 105
㉕ 324 ㉖ 168 ㉗ 126
㉘ 728 ㉙ 612 ㉚ 124

p46
① 224 ② 138 ③ 168
④ 552 ⑤ 108 ⑥ 468
⑦ 322 ⑧ 360 ⑨ 476
⑩ 152 ⑪ 351 ⑫ 174
⑬ 75 ⑭ 178 ⑮ 460
⑯ 539 ⑰ 205 ⑱ 260
⑲ 294 ⑳ 657 ㉑ 546
㉒ 114 ㉓ 385 ㉔ 348
㉕ 60 ㉖ 330 ㉗ 205
㉘ 544 ㉙ 258 ㉚ 288

p47
① 186 ② 81 ③ 91
④ 837 ⑤ 546 ⑥ 252
⑦ 380 ⑧ 170 ⑨ 544
⑩ 528 ⑪ 375 ⑫ 246
⑬ 378 ⑭ 340 ⑮ 408
⑯ 783 ⑰ 244 ⑱ 66
⑲ 352 ⑳ 522 ㉑ 465
㉒ 48 ㉓ 704 ㉔ 196
㉕ 679 ㉖ 186 ㉗ 342
㉘ 357 ㉙ 592 ㉚ 295